"珍藏中国"系列图书

贾文毓 孙轶◎主编

绿波翠浪

中国的森林

罗丙艳 编著

U0200503

希望出版社

图书在版编目（CIP）数据

中国的森林：绿波翠浪/ 贾文毓编著. —— 太原 :希望出版社, 2014.10　　（2016.11重印）

（珍藏中国系列）

ISBN 978-7-5379-7103-4

Ⅰ.①中… Ⅱ.①贾… Ⅲ.①森林资源－中国－青少年读物 Ⅳ.①S717.2-49

中国版本图书馆CIP数据核字（2014）第230626号

图片代理： www.fotoe.com

中国的森林——绿波翠浪

编　　著	罗丙艳
责任编辑	张　平
复　　审	武志娟
终　　审	刘志屏
图片编辑	封小莉
封面设计	高　煜
技术编辑	张俊玲
印制总监	刘一新　尹时春
出版发行	山西出版传媒集团 · 希望出版社
地　　址	山西省太原市建设南路21号
经　　销	新华书店
制　　作	广州公元传播有限公司
印　　刷	北京市俊峰印刷厂
规　　格	720mm×1000mm　1/16　10.5印张
字　　数	210千字
印　　数	1—10000册
版　　次	2015年2月第1版
印　　次	2016 年11月第 1 版第 2 次印刷
书　　号	ISBN 978-7-5379-7103-4
定　　价	32.00元

⊢目 录⊣

一、森林综述

二、森林的价值

三、森林与传统文化

四、祖国大地上的绿波翠浪

森林综述

何谓森林？让我们先从"森林"二字开始吧！"森"字由三个"木"字组成，"林"字由两个"木"字组成，显然森林就是一群树木了。确实，一提起森林，人们自然会联想起那漫山遍野的树木和一望无际的林海。其实，只有树木是不能称之为森林的。科学地说，森林是以乔木为主体的、具有一定面积和密度的植物群落，这个群落中的所有生物，彼此互相影响，并且在一定程度上影响周围的环境，而这个群落的全体又受环境的支配和影响。

事实上，森林并不孤单，也不寂寞，而是一个十分热闹的生命大家庭。在森林中，各种生物之间既相互依存，又相互斗争，关系错综复杂。有人做过调查，一个比较简单的温带阔叶林，可有种子植物700多种，蕨类植物十几种，蘑菇、苔藓等低等植物3 000多种。另外，还有近3 000种哺乳动物，70多种鸟类，5种两栖类，5 000多种昆虫，千余种其他低等动物。

▲ 银杏，湖北荆门京山县绿林山风景区

▲ 台湾生长在野外的蕨类植物

　　一般来说，森林的分布与温度、降水、地形、土壤等条件的变化相适应，因而常常随着环境的改变而有规律地变化着。从全球角度来看，不同的气候带具有不同的森林类型。以我国为例，从北向南依次有寒温带、中温带、暖温带、亚热带、热带5个气候带，相应地出现了针叶林、针阔叶混交林、落叶阔叶林、常绿阔叶林、热带季雨林和热带雨林等5个森林植被区域。从区域角度来看，山地与平地、阴坡与阳坡，森林的组成也往往不同，例如一座山地，山顶是针叶林，向下是针阔混交林，当到达平地时则是阔叶林。

　　任何事物都有一个形成的过程，森林也不例外。一般来说，现代森林的形成和发展，先后经历了蕨类古裸子植物、裸子植物和被子植物三个阶段。

　　1、蕨类古裸子植物阶段。在晚古生代的石炭纪和二叠纪时期，滨海和内陆沼泽地区存在着大面积的由乔木、灌木等蕨类植物和草本植物构成，这是地球历史上最早的森林。其中最高大的要数鳞木和封印木了，它们高可达20～40米，直径可达1～3米，是石炭纪重要的造煤植物。你知道吗？人类现在使用的煤炭就是那时候的森林形成的。可惜的是，现在这些古代树种都已经消失了，只在热带地区还有孑遗的树蕨。

　　2、裸子植物阶段。裸子植物是种子植物中较低级的一类，它们的胚珠外面没有子房壁包被，不形成果皮，种子是裸露的，所以称裸子植物。如何还不明白，看看我们常见的松树、银杏吧！它们就是典型的裸子植物。在地质历史上，中生代的晚三叠纪、侏罗纪和白垩纪是裸子植物的全盛时期。

　　3、被子植物阶段。在中生代的晚白垩纪及新生代的第三纪，被子植物的乔木、灌木、草本相继大量出现，遍及地球陆地，形成各种类型的森林，直至现在仍是最具优势、稳定的植物群落。这也就是我们现在看见的森林的主体树种。

　　科学地理解森林的概念，真正了解森林对于地球和人类的作用和价值，在实践中具有非常重要的意义。在采伐利用森林时，如果把森林只看成一群树木，不考虑森林与环境的关系，盲目乱砍滥伐，就会引起森林生态系统的失调，不仅破坏了森林的恢复更新，也会恶化人类的生存环境。年轻的朋友们，冷静地想一想吧！是我们开始行动的时候了。森林群落精彩万千，能让我们感兴趣的地方自然不在少数，就让我们一起进入森林探索的旅程吧。

▼瞭望塔附近的原始森林，湖北神农架自然保护区

万木撑天——我国森林的演变

▲大兴安岭原始森林暮色

你知道吗，千沟百壑的黄土高原在先秦时期是一片森林的海洋？你知道吗，农田纵横的华北平原在很久很久以前森林遍野、野兽横行？可如今，这一切都已经成为过去，留给我们的是无限的感慨。那么，在我们伟大祖国的土地上，曾经的森林到底怎么消亡的呢？现存的森林又将面临怎样的命运？下面就和我们一起去了解祖国的森林吧！

我国森林的演变

我们伟大的祖国自古就是一个多森林的国家。有史为证，在人类出现以前，中国的东部和南部全部覆盖着森林。相关科学研究表明，2 500 ~ 7 500 年前，北京郊区分布着大面积的由松、榆、椴、桦、槭、朴、核桃、榛等组成的针阔叶混交林。即使是现在森林植被稀少、水土流失严重的西北黄土高原，也曾经覆盖着茂密的森林。

但是，随着人类社会的发展，人类开始大规模地开发利用森林，从而导致森林面积逐步缩小，甚至消失。由于人口繁殖而毁林造田，帝王贵族大兴土木而乱砍滥伐森林，或寻欢作乐而焚林狩猎，战争和火灾毁林，到清代前期，我国的林业资源已经很少。鸦片战争以后，加上帝国主义掠夺，林业资源减少现象更为严重，因而许多地区水土流失严重，自然灾害频繁，木材等林产品缺乏。在长期的历史过程中，森林消失和减少首先从平原地区开始，进而扩展到人烟稠密的山区，以至交通沿线的深山高山区。新中国成立以前，中国遗留下来的森林多分布在边远山区。目前，我国的森林覆盖率只有18%，其中大部分都是人工林，原始森林只占2%。

森林被破坏的原因

那么，是什么原因造成我国森林面积的减少呢？这是我们每个人都很想知道的问题。中国古代和近代森林资源之所以遭受破坏，究其原因，主要有以下几个方面：

1. 刀耕火种，开荒造田

伴随着原始农业的兴起和人类燧木取火，"刀耕火种"就成为扩大耕地面积的方法，成为提高土壤肥力最直接、最便捷的方式。传说，在尧舜时代，在广阔的中原大地上，草木茂盛，禽兽肆虐，影响了人类的生存和生活。为了解决这个问题，尧令舜采取措施，驱赶野兽，"舜使益掌火，益烈山泽而焚之，禽兽逃匿。"（《孟子》）这种做法一直延续

▲2003年春季，大兴安岭森林大火火灾现场的熊熊大火

▲红松林，黑龙江小兴安岭伊春五营国家森林公园

下来，至今有些地方仍然放火烧山，毁林开荒，不仅严重破坏了森林资源，而且带来水土流失、土壤肥力下降等恶性循环。下面就让我们近距离来看看这一段历史。

由于平原地区是农业最早的发展地，因而这里的森林也最早遭受破坏，以至于消失。陕西的关中平原，河南的伊洛河下游以及太行以南地区，春秋时期曾拥有丰富的森林资源，但是到秦汉时期已是"富者田连阡陌"（《汉书》），除了关中平原有些皇家园林和竹林外，基本上没有什么森林了。由于人口较多，黄河中下游地区毁林造田的速度也比较快，当时就有了"宋（古国名，建都今河南商丘南）无长木"的说法。到了西汉初年，山东山地丘陵西麓也已经是"颇有桑麻之业，无林泽之饶"了。

黄土高原及河套一带，自古以来是农牧业交替变动的地带。秦代以后多次向这个地区移民屯垦，森林植被受到严重破坏。明清时代，不仅平原地区没有"弃地"，就是丘陵沟壑以至坡地，也都在开垦之列。山西的兴县，到清代中叶还是用火焚烧山林，垦荒播种。现在这个地区千沟万壑、光山秃岭，成为水土流失最严重的地区。

2. 大兴土木，大肆砍伐

除了毁林造田之外，统治阶级大兴土木也是造成森林减少的重要原因。历代封建王朝在建立政权之后都要大兴土木，修建富丽堂皇的宫殿、苑囿、官署、宅第，由此对森林造成的破坏不可估量。

秦始皇统一中国后，在咸阳附近修建有名的阿房宫，征集70多万人砍伐蜀、楚等地的森林，正如唐代诗人杜牧所说："蜀山兀，阿房出。"这说明当时秦岭一带山林所受到的破坏是多么严重啊！隋唐两代长安的建筑规模更为宏大，

▲刀耕火种的山野，海南黎族、苗族用砍刀把树木砍倒晒干，再把树枝焚烧，待下雨后播种。这种原始的刀耕火种，被人们称为"砍山栏"或"种山栏"

所耗用的木材更是无法计量。除了在附近的宝鸡、眉县、周至、户县等处采伐以外，还涉及到岐山、陇山等更远的地方。像岐山这样不高的山，到北宋时期已经没有什么森林了，完全变成了赭色的土山。

到宋元明清之时，因大兴土木对森林的破坏更为严重。据记载，北宋王朝刚一建立，到秦陇之间采伐木材的人就络绎不绝，除了私采私贩的以外，每年采得的大木在万株以上，竟使当时开封城内的良木堆积如山。明清两代在北京建都所耗费的木材十分惊人。明成祖迁都北京后，从公元 1416 年开始，在元大都的基础上营造新的宫殿苑囿，到 1420 年宫殿建筑才基本完工。为了从江南各地大量采伐木材，曾"以十万众入山辟道路"，可见对森林砍伐的规模是相当大的。明代对山西北部雁门、偏关之间长城附近森林的破坏，也是一个典型例证。这里本是北方的重要边防地区，山势高险，林木茂盛，明初达到了"人鲜径行，骑不能入"的程度。可是到了明代中叶，北京的达官贵人、边地驻军将士以及当地居民，群起砍伐，采伐的人"百家成群，千夫为邻，逐之不可，禁之不从"。据说，单是每年贩运到北京的木材，就不下百余万根。清代为了整修扩建北京紫禁城的建筑群，除在各省索取木材外，更是常年不息地在四川等地采运楠木。

3. 战火摧残，战争破坏

说道森林资源的减少，不能不提到战争的破坏。在中国几千年的历史中，曾经发生过无数次大大小小的战争。木材

▲砍伐后的林地，海南乐东尖峰岭

是战争中必备的物资，大军到处往往要开路、架桥，只能从附近地区砍伐。同时在交战过程中，双方常常利用森林作为掩护，由此而引起对森林的破坏。春秋时期，晋文公在晋楚城濮之战中，曾下令把有莘国（今河南陈留）的森林全部砍掉。大家都听过三国时期"火烧连营七百里"的故事吧！在这场战役中，东吴大将陆逊利用火攻，烧掉刘备设置在从四川巫山到彝陵密林里的40多座营寨，同时也烧掉了沿途五六百里的大面积森林。

此外，统治阶级在镇压农民起义中，也往往通过毁坏森林来清除起义军活动的隐蔽体。东汉时，马援奉命围剿寻阴山区农民起义军，曾有这样的献策："除其竹木，譬如婴儿头多虮虱，而剃之荡荡，虮虱无所复依。"清代曾国藩为了镇压太平天国的革命，清兵"兵燹所至，无木不伐"。广州附近的白云山、罗浮山等地的森林，以及长江流域湖北以下各省的不少森林，都在这一时期受到重大损失。其中湖南衡阳、衡南等地的广阔森林，就是在这次被焚烧毁坏以后，长期不能恢复。抗日战争时期，日寇侵入中国华北、华中、华南，到处砍伐、焚烧森林，使多数省区的森林受到破坏，其木材损失约占全国总量的10%以上。

4. 帝国主义的掠夺

鸦片战争以后，帝国主义侵入中国，肆意掠夺中国各种资源，其中森林资源就是其掠夺的重要对象。19世纪中期，沙皇俄国强迫腐败的清朝政府签订了一系列不平等条约，割去中国东北边疆150多万平方千米的土地，强占了外兴安岭以南、黑龙江以北广大地区的富饶森林资源。然而，沙皇帝国主义还不满足，为了进一步掠夺中国的森林资源，他们在黑龙江北岸立足以后，又肆意伸入中国境内采伐木材，把黑龙江南岸10多公里范围内的森林砍得精光。20世纪初，沙皇俄国在中国东北修筑中东铁路，修路所用木材、机车燃料和数万名修路职工的烧柴等，全部依靠砍伐附近的森林来供给。与此同时，俄、日、英、美、瑞典等国的伐木商也乘机而入，对铁路两侧的森林资源进行掠夺，在本世纪初的20多年中，把从满洲里至绥芬河铁路沿线将近50千米范围内的原始森林全部毁掉。"九一八"事变以后，日本帝国主义侵占中国东北，对东北的森林资源进一步大肆掠夺。在东北被侵占的14年中，共掠夺采伐木材6400万立方米，约为当时东北林区森林总量的2%，采伐面积不少于 400 万公顷。此外，受到日本帝国主义掠夺的还有中国台湾省、海南省等地的森林资源。

5. 生活用材

以前，人们没有煤炭和天然气等化石燃料，生火做饭的燃料主要靠森林来提供。一家一户使用的木材有限，但中国人口众多，每年因樵采就损毁了大量森林。根据有关调查，在 1941 年的成都市共有 97 735 户，394 371 人，全市居民、机关、学校、旅店、饭馆等所用燃料，木柴和木炭占 78.8%，煤仅占 21.2%，全市全年消费木炭 238.97 万千克、木柴 11 040.28 万千克。木柴中以松、青、柏木、桤木等树种占大多数，这些木柴来自成都附近的彭山、青神、邛崃、蒲江等县。当地樵夫砍柴时，没有任何规划，任意砍伐，因而森林遭到严重破坏，许多炭窑附近数里至数十里都成为光秃秃的荒山。

城市的现象已让人触目惊心，农村更是如此。全国农村烧用木柴大大超过城市，近代期间，一些需用大量燃料的工业也烧去了亿万斤木柴、木炭。例如，江西省景德镇和江苏省宜兴县的陶瓷业每年即需耗用大量木柴，以致江西民间流传"一里窑，五里焦"的民谣。

6. 森林火灾

森林大火也是导致森林资源减少不可忽视的重要原因。在晚清、民国时期，经常发生森林火灾，由于地广人稀，缺乏扑救手段，一次森林大火就能烧毁大面积的森林。历史上这样的惨痛教训数不胜数，例如，1893 年绥远省（今内蒙古自治区一部分）乌拉山森林发生大火灾，无人扑救，以致延烧达半年之久，数千米内森林被毁，大好森林化为灰烬。又如 1929 年，浙江省孝丰县（今安吉县西）农民烧山垦种，山火蔓延到临安县，使天目山分经台上部和白虎山上部的参天巨木付之一炬。各地山区居民因吸烟、熏蚊蠓、烧垦、烧草木灰积肥、野炊、烧山驱兽等而引起森林火灾的事件屡见不鲜。

由于上述各种原因，近代中国森林愈来愈少，而且分布不均。森林资源被破坏，带来一系列恶果。其中最严重的生态灾难就是由于缺乏森林涵养水源的作用，黄河、淮河、海河等大江大河水旱灾害频繁，经常给当地人民的生命和生产安全带来严重的破坏。

下面就让我们以小兴安岭地区森林演变的具体过程来重新审视在人类对

森林资源的破坏以及大自然对人类的惩罚。

说起中国的森林不能不说一说东北的小兴安岭，而谈起小兴安岭又决不能略过有"红松之乡"的伊春市。伊春市位于黑龙江省小兴安岭腹地，这里曾经森林遍布，是我国的最大的林业基地，而如今却面临无林可采的困境。

历史上的伊春市曾经为新中国的建设做出过重要贡献。时至今日，伊春市已经开采木材3亿立方米，假如我们把这3亿立方米木材装上火车、节节排列，可以从中国最北端的漠河排到海南岛的三亚。事实

▲广东开平，老屋村农舍内的炉灶

上，加上林区生产、生活自我消耗的木材，实际砍伐量还要大于这个数。但是，目前伊春市仅存五营等几处面积很小的、没有开发过的原始森林，其余都已是次生林。

20世纪80年代以前，林区一直是重砍伐、轻营林，往往是砍一片、荒一片、裸露一片。当80年代末黑龙江省省委书记孙维本在全国人大会议上发出了"全国林业主产区黑龙江省的林区已无林可采时"的警告时，全省上下一片哗然，难道黑龙江省原材料经济的四大支柱（粮、煤、油、木）之一的林业从此将轰然倒塌了吗？这种"无林可采"直接造成了伊春的"两危"——资源危机、

经济危困。"两危"后的伊春林区，林业工人们还要生存，加之政策指导及资金支持均不到位，林区的基层单位对仅存的林业资源进行了更加疯狂的砍伐。

林区这种为了生活，疯狂砍伐后再耕作的急功近利作法，加剧了对生态环境的破坏，进一步增大了山洪爆发的危险。1985 年以前，林区降雨达 50 毫米以上时，反映到河水的变化，需 24 小时以上；进入 90 年代，一旦降了大到暴雨，几个小时后河水就开始猛涨，且有快速汇流、陡涨陡落的特点，使下游的防汛工作的物资准备和人员疏散都措手不及。

与此同时，生态环境的破坏也加重了山区降雨的时空不均匀，改变了当地的小气候，水旱灾害频繁发生。以嘉荫县为例，1996 年春季连续 40 多天无雨，1998 年的春旱则多达 58 天，而每到夏秋季，不遂人意的暴雨又经常不期而至。此外，干旱物燥也极易引发森林火灾。因此我们可以毫不夸张地说，乱砍滥伐不仅是林区洪水的主要成因，也是森林火灾等其他灾害的诱因之一。

进入 21 世纪的人类，已经认识到良好的生态环境对人类生存的重要性。如果为了眼前的蝇头小利仍旧对人们赖以生存的森林无节制的砍伐，那就无异于自毁前程、自掘坟墓了。幸运的是，1998 年特大洪水给我们敲响了警钟，之后国家大力进行"天然林保护工程"。近几年来，伊春市的森林覆盖率已经提高到 82%，而且即使是次生林，也初步恢复了绿色水库的作用。目前它的总蓄水量可达 102 亿立方米以上，每年可减少土壤流失 1.8 亿吨。

知识链接 ✓

假如我们把地球自 45 亿年前开始形成的这段时间算作一天的话，那么恐龙在这个星球上只生活了 45 分钟，而人类截至目前仅仅生活了 59 秒。由此算来，对伊春地区 50 年的开发不仅是人类历史长河中，更是我们这个星球演变史的短短一瞬。随着天然林保护工程的启动，对这里资源掠夺性开采已经结束，而对生态环境的保护已初露端倪。50 年后的伊春市决不可能仅仅在五营一处听到松涛声，一定是遍地林海、处处"涛声依旧"！

绿色版图——中国森林的分布

我们伟大的祖国幅员辽阔，地形复杂，气候多样，自然条件优越，树木种类繁多，自北而南生长着各种类型的森林。下面，让我们一起来了解一下我国森林的现状吧！

知识链接 ✓

从总量上看，我国森林资源十分丰富，林地面积和蓄积量均居世界第七位。但是，如果按人均森林占有率和森林覆盖率来看，我国则是少林国家之一。我国面积和人口分别占世界总数的7%和20%，而森林面积仅占世界的4%，蓄积量则不足3%，人均林地面积和蓄积量更少，分别为世界平均数的18%和13%。全国森林覆盖率为13.92%，只有世界平均数的54.2%。因此，无论是从人均占有量，还是覆盖率来看，我国森林资源的形势都不容乐观。

≡ 我国的森林资源特点

了解了我国森林的基本状况，下面让我们看看森林资源的特点吧！

首先，我国是世界上森林树种，特别是稀有树种最多的国家之一。

据植物学家统计，我国的森林树种约有8 000种，其中仅乔木树种就有2 000多种，而材质优良、经济价值高、用途广的乔木树种约有千种。最为丰富的是阔叶树种，达200多，其中不乏大量特有树种，如珙桐、杜仲、旱莲、山荔枝、香果树和银鹊树等。另外，作为构成北半球森林的主要树种，松衫类植物在我国分布十分广泛，将近200多种，其中水杉、银杉、金钱松、水松、台湾杉、油杉、福建柏和杉木等是我国特有的树种，在世界其他地区鲜有分布。

值得一提的是，我国还拥有种类众多、面积广阔的竹林。我国的竹子种类、竹材及竹制品产量均占世界首位。竹子在我国的分布范围十分广泛，全国大致可分为三大竹区：一是黄河、长江之间的散生竹区，主要竹种有刚竹、淡竹、

▲2012年4月21日，福建省南平市延平区，毛竹林

桂竹、金刚竹等；二是长江、南岭一带散生型和丛生型混合竹区，以毛竹为主；三是华南一带丛生型竹区，主要竹种有撑篙竹、青皮竹、麻竹、粉单竹、硬头黄和茶竿竹等。

其次，森林资源偏少，覆盖率较低，这是我国森林资源面临的最大的问题。

据美国学者研究，20世纪20年代全世界森林面积为74.87亿英亩（折合30.30亿公顷），森林覆盖率为22.5%，平均每人占有森林4.35英亩（折合1.76公顷）。而按照1934年的统计，中国的森林面积仅占世界森林的3%，森林覆盖率仅相当于世界水平的35.36%，平均每人占有森林仅相当于世界水平的11.36%。同世界其他国家相比，中国差距也很大。如亚洲近邻日本的森林覆盖率高达66.3%，为中国的8.3倍；欧洲的德国、法国，美洲的加拿大和美国等国家，森林覆盖率都

◀苹果树，四川省甘孜藏族自治州巴塘县

知识链接 ✓

苹果，学名Malus pumila，苹果，蔷薇科苹果属植物，落叶乔木．树高可达15米，栽培条件下一般高3～5米左右。树干灰褐色，老皮有不规则的纵裂或片状剥落，小枝光滑。单叶互生，椭圆至卵圆形，叶缘有锯齿。伞房花序，花瓣白色，含苞时带粉红色，雄蕊20枚，花柱5枚。果实为仁果，颜色及大小因品种而异。喜光，喜微酸性到中性土壤。最适于土层深厚、富含有机质、心土为通气排水良好的沙质土壤。

大大高于中国。

再次，森林资源分布不均。

我国的森林资源分布严重不均，主要集中在东北和西南地区，其次是东南、华中，西北和华北最少。黑龙江省和四川省，森林面积都在2亿亩以上，其中四川省森林覆盖率高达34%，居全国首位；黑龙江省达28%，居第二位。与此形成鲜明对比的是，河南省森林覆盖率仅0.6%，为全国倒数第一位，仅相当于四川省的1.78%，两者相差极为悬殊。另外，新疆森林面积在1亿亩以上，但土地面积大，森林覆盖率仅5%。湖南、湖北、江西和福建等省的森林都比较多。

最后，经济林资源非常丰富，宜林土地面积大。

▲云南西双版纳野象谷沟谷雨林区

知识链接 ✓

　　我国的经济林分布最广，从南到北，从东到西，凡是有森林分布的地方，几乎都生长有各种各样的经济林，它在我国国民经济中占有很重要的地位。我国木本粮油林的主要树种有板栗、大枣、柿子、核桃、油茶、文冠果、椰子、巴旦杏、油渣果、腰果、香榧、山杏、橡子树等。具有代表性的果木林有苹果、桃、梨、李子、梅子、葡萄、柑桔、橙子、柚子、香蕉、荔枝、龙眼、槟榔、菠萝、杏等。此外，我国特有的经济林树种有漆树、白蜡、油桐、乌桕、橡胶、栓皮栎、杜仲、茶树、桑树、花椒、八角、肉桂、黑荆树、拘杞等。

　　尽管存在覆盖率偏低、分布不均等问题，但是我国森林具有广阔的前景。全国宜林地面积多达52亿亩，其中新疆、青海、西藏等地人口少，自然条件较差，发展林业困难较多，但大部分省是有发展林业的条件的。例如，湖南、广东、广西、辽宁、黑龙江等省宜林地面积都在 1 亿亩以上，发展林业大有用武之地。

森林资源分布及主要林区

　　说了这么多，我国的森林资源到底怎样分布的呢？全国的主要林区又有哪些呢？下面，就让我们一起去走进祖国的森林吧！

　　首先，让我们从东北林区说起。位于东北三省及内蒙古自治区东部的大兴安岭、小兴安岭和长白山是我国最大的森林区，一般称之为东北林区。东北林区的木材蓄积量超过全国总量的一半，是我国目前主要的木材供应基地之一。这里地处在祖国的最北部，接近寒带，以耐寒的针叶树最为丰富，是我国唯一的大面积的落叶松林地区。在东北林区还分布着面积广大的原始森林，这里葱郁茂密，遮天蔽日，站在森林里，只有中午很短的时间内才能见到阳光。

　　西南林区也是我国重要的林区之一。西南林区主要包括四川、云南和西藏三省区交界处的横断山区，以及西藏东南部的喜马拉雅山南坡等地区。这里山峰高耸，河谷幽深，山麓有滔滔江河，山沟有股股泉水，山脚和山顶高差悬殊，气候也随着高度变化，真是"一山有四季"。正是由于这种独特的地

▲1986年，黑龙江兴安岭雪景

形，西南林区的树种特别丰富。山下生长着常绿阔叶树，山腰上是落叶阔叶树，再上面就是针叶树。这里主要树种有云杉、冷杉、高山栎、云南松等，这都是很好的建筑材料。此外，解放后，国家在云南省还营造了大片的橡胶树和咖啡树，是我国重要的热带经济林区。

秦岭、淮河以南，云贵高原以东的广大地区，是我国第三大林区——南方林区。这里气候温暖，雨量充沛，植物生长条件良好，树木种类很多，以杉木和马尾松为主，还有我国特有的竹木。这个林区南部，是我国热带和亚热带的森林宝库，经济林木更是丰富多彩，有橡胶林、肉桂林、八角林、桉树林等。

值得一提的是祖国的宝岛——台湾省。台湾的森林面积占全省总面积的一半以上，其中最为人所知的树种莫过于樟树了。樟树是宝岛的特产，它的枝叶可以提制樟脑，台湾省的樟脑产量，最高曾达全世界总产量的百分之八十以上，因而有"樟脑之乡"的赞誉。

除了以上三个林区外，广大人民群众积极响应党中央"绿化祖国"的伟大号召，积极造林、护林、封山育林，很多荒山秃岭变成了"远山森林绿，近山花果香"的绿化山区，特别是在华北地区和西北地区，还营造了大片的防护林和经济林。

◆中国森林资源的六个变化：

2009年11月19日，国务院新闻办公室就中国森林资源状况等方面情况举行发布会中，论述了全国森林资源第六次清查与第七次清查间，中国森林资源呈现出的六大重要变化：

一是森林面积、蓄积持续增长。森林面积净增2 054.30万公顷，全国森林覆盖率由18.21%提高到20.36%，上升了2.15个百分点。森林蓄积净增11.23亿立方米，年均净增2.25亿立方米，继续呈现长大于消的良好态势。

二是天然林面积、蓄积明显增加。天然林面积净增393.05万公顷，天然林蓄积净增6.76亿立方米。天然林保护工程区，天然林面积净增量比第六次清查多26.37%，天然林蓄积净增量是第六次清查的2.23倍。

▲1920年台湾，在樟树上采集樟脑的工匠

三是人工林资源快速增长。人工林面积净增843.11万公顷，人工林蓄积净增4.47亿立方米。未成林造林地面积1046.18万公顷，后备森林资源呈增加趋势。

四是森林质量有所提高。乔木林每公顷蓄积量增加1.15立方米，每公顷年均生长量增加0.30立方米，每公顷株数增加57株，混交林比例上升9.17个百分点，有林地中公益林面积比例达到52.41%，上升15.64个百分点，森林龄组结构、树种结构和林种结构发生可喜变化。

五是森林采伐逐步向人工林转移。天然林采伐量下降，人工林采伐量上升，人工林采伐量占全国森林采伐量的39.44%，上升12.27个百分点，以采伐天然林为主向以采伐人工林为主的战略转移稳步推进。

六是个体经营面积的比例明显上升。随着集体林权制度改革的推进，有林地中个体经营的面积比例上升11.39个百分点，达到32.08%。个体经营的人工林、未成林造林地分别占全国的59.21%和68.51%。作为经营主体的农户已经成为我国林业建设的骨干力量。

据中国林科院依据本次清查结果和森林生态定位监测结果评估，我国森林植被总储量达到了78.11亿吨。森林生态系统年涵养水源量达到了4947.66亿立方米，年固土量达到了70.35亿吨，年保肥量达到了3.64亿吨，年吸收大气污染物量达到了0.32亿吨，年滞尘量达到了50.01亿吨。仅固碳释氧、涵养水源、保育土壤、净化大气环境、积累营养物质及生物多样性保护等6项生态服务功能年价值达10.01万亿元。

清查结果表明，我国森林资源进入了快速发展时期。党中央、国务院确立的以生态建设为主的林业发展战略，采取的一系列重大政策措施，实施的重点生态工程，取得了巨大成效。

二 森林的价值

朋友们，你们知道吗？每年2月2日是世界湿地日，4月22日是世界地球日，6月5日是世界环境日，6月25日是中国土地日，7月11日是世界人口日，10月4日是世界动物日……这是唤起人们环境意识的重要时机。我们生活在这个世界上的每一个人既是环境破坏的制造者，也是环境破坏的受害者，还可以是环境破坏的抵制者和改变者。保护人类赖以生存的生态环境，让我们首先从保护森林做起。

那么，森林的价值到底有多大？以前，人们只关注森林的经济效益和社会效益，而忽视了森林的生态效益。其实，森林资源是地球上重要的资源之一，是生物多样化的基础，它不仅能够为生产和生活提供多种宝贵的木材和原材料，能够为人类经济生活提供多种食品，更重要的是森林能够保护环境，净化大气；消减噪音，清静自然；调节气候，增加降水；涵养水源，固土保水；防风固沙，保护农田；保护动物，提供家园；提供木材，给养人类。

　　这样的解说也许让你感到枯燥，下面就我们用金钱来"衡量"一下一棵树的实际价值吧！印度加尔各答大学的一位教授曾做过这样的计算：一棵中等大小的树木，按50年的寿命计算，除了其为人类提供木材之外，其创造的间接价值多达196 250美元，其中生产氧气的价值31 250美元，防止空气污染的价值62 500美元，保持水土的价值37 500美元，防止流失增加肥力的价值31 250美元，为牲畜挡雨遮风提供鸟巢的价值31 250美元，制造蛋白质的价值2 500美元。

　　通过上述计算，我们很清楚地意识到树木王国的价值有很多是无形的，其在生态和环境上的价值远远超过其木材的价值。树木王国给我们带来的不仅仅是食物、木材、住房，更重要的是它们对人类赖依生存的环境所起到的重大的生态效益。这是任何其他事物都做不到的，也是任何其他事物都不能代替的。如果人类毁坏树木，那就是毁坏人类自己的家园。由此可见，树木和森林对我们人类的重要性。

　　下面就和我们一起走进森林的深处，去了解森林的有形的或无形的价值吧！

地球之肺——保护环境，净化大气

知识链接 ⊘

　　人类生存离不开健康的呼吸系统，大自然同样如此，也需要不断"呼吸"。也许你会感到奇怪：大自然怎么呼吸呢？其实，大自然本身就是一个有机体，而森林则是这个有机体的呼气器官——肺。下面，让我们近距离观察一下"地球之肺"吧！

森林是"地球之肺"

　　之所以被称为"地球之肺"，是因为每一棵树都有氧气发生器和二氧化碳吸收器，整个森林就是一个庞大的氧气制造厂。据统计，1公顷阔叶林每天可吸收1 000千克二氧化碳，释放730千克氧气，这些氧气可供近千人1天的呼

▲大兴安岭原始森林云雾风光

吸所需。不仅如此，森林还是陆地生态系统中最大的储炭库，具有缓解"温室效应"的功能。

看似平凡的森林为什么会有这样神奇的功能呢？我们都知道，氧气是人类维持生命的基本条件，人体每时每刻都要呼吸氧气，排出二氧化碳。实验研究发现，一个人要生存，每天需要吸进 0.8 千克氧气，排出 0.9 千克二氧化碳。一个健康的人三两天不吃不喝不会致命，而短暂的几分钟缺氧就会死亡，这是人所共知的常识。在正常情况下，空气中二氧化碳含量为 0.03%，氧气为21%。但是，由于城市人口高度集中，石油，煤炭等燃烧消耗了大量氧气，许多地方出现了二氧化碳增加和氧气不足的情况，由此带来了一系列问题。

怎么办呢？不用担心，因为森林就如同天然的氧气加工厂，它们在生长过程中要吸收大量二氧化碳，同时也要释放氧气，因此可以说既是二氧化碳的消耗者，也是氧气的制造者。据研究测定，树木每吸收 44 克的二氧化碳，就能排放出 32 克氧气；树木的叶子通过光合作用产生一克葡萄糖，就能消耗 2 500 升空气中所含有的全部二氧化碳。在树木生长的旺季，一公顷的阔叶林每天就能吸收一吨二氧化碳，制造出 750 千克氧气。从全球范围来看，森林绿地每年为人类处理近千亿吨二氧化碳，为空气提供 60% 的清洁氧气，同时吸收大气中的悬浮颗粒物，有极大的提高空气质量的能力，并能减少温室气体，减少热效应。

总之，森林就是我们的"绿色工厂"，既可以美化我们的生活环境，又能起到"绿色卫士"的作用，保护我们的健康。树多了，鸟儿自然就会来。清晨伴着鸟鸣沐浴于晨光中，呼吸着新鲜的空气，一天都会有好心情啊！

森林是净化空气的能手

不仅如此，森林还是净化空气的能手呢！据美国森林服务中心的研究，树木可以有效地吸附大气中的粉尘、工业废气及各种有毒气体。一棵树在一年中，可以贮存一辆汽车行驶 16 公里所排放的废气，而一公顷柳杉林每月可以吸收二氧化硫 60 千克。原来啊，森林就像一部自动的吸尘器。林木的树叶形成庞大的吸附面，森林地区的叶面积总和相当于占地面积的 75 倍，树木的叶子，有的有绒毛，有的有折皱，有的能分泌粘液和油脂等，对各种烟尘能滞留、吸附、过滤起净化作用。

据统计，纽约市所有树木每年清除污染的价值814 000美元，相当于阻止143吨污染物被纽约人吸到肺中。纽约有500万棵树木，平均每棵树的价值为1 000美元，然而它们在处理污染方面的价值每年达950万美元，这还没有包括难以估量的为城市降温、从而节省了数百万美元的空调费用，缓冲暴风雨、免建规模更大、造价更高的暴雨排泄系统的费用，枝繁叶茂、浓荫遮蔽、绿化

▲圆柏 Sabina chinensis，柏科圆柏属植物

环境等带来的房地产价格提升，以及鸟语花香等带来的审美价值。因此，美国农业部专家戴维·诺瓦克指出，一棵健康生长的树实际上就是一个污染处理装置和一个小型空调器。

值得一提的是，森林也具有自然防疫的作用，是保卫人类健康生活的"绿色卫士"。这是因为树木能分泌出杀伤力很强的杀菌素，杀死空气中的病菌和微生物，对人类有一定保健作用。有人曾在不同环境下测定一立方米空气中的含菌量：在人群流动的公园为1 000个，街道闹市区为3～4万个，而在林区仅有55个。另外，树木分泌出的杀菌素数量也是相当可观的。例如，一公顷桧柏林每天能分泌出30千克杀菌素，可杀死白喉、结核、痢疾等病菌。

此外，森林还具有过滤污水的作用。据国外学者介绍，污水穿过40米

左右的林地，水中细菌含量大致可减少一半，而后随着流经林地距离的增大，污水中的细菌数量最多时可减少 90% 以上。

当我们面临烟雾缭绕、废气熏天的环境时，不要忘记了森林——人类的朋友——正在忠实地帮助我们排忧解难。多种一棵树，多一片明净的天空。

◆城市中的绿树

不知你是否考虑过，如果周围的树木全部消失了，我们的生活将会怎样。人类的生活离不开树木，如果在我们的周围，在高大的楼房之间，拥有一片又一片的绿地，种下一棵又一棵能成荫的绿树，你就会仿佛走进了绿洲，不再觉得枯燥和单调，心情开朗，生趣盎然。

城市绿地、森林在城市碳氧平衡中发挥着重要作用。经过 3 年的不懈研究，美国森林服务中心的科研人员证明，在城市的住宅小区多栽种一些植物，会给人类带来莫大的益处。为什么这么说呢？下面，让我们一起来了解一下吧！

首先，树木可以协调人的心理状态，改善人际关系。研究人员对不同住宅区的 300 名居民进行了为期 3 年的调查。这些住宅区的建筑结构基本相似，居民的社会地位也基本相同。不同的是，一些住宅区的周围有树有草，另一些住宅区则是光秃秃一片，真正是被"混凝土围成的沙漠"。居住在绿荫丛中的居民，邻里之间的联系更为紧密，人际之间的关系也更加和谐，人们喜欢外出，有安全感，心理更趋平静。在这样的环境里，甚至暴力行为也减少。居住在"沙漠"中居民的情况则恰恰与此相反。

其次，树木可以减少空气污染对健康的危害。由于植物周围的空气特别清新，含有的负离子数量也相对较多，人们生活在这样的环境中，可以呼吸到更多的新鲜空气，对心肺功能很有益处，不仅身体健康，而且癌症的发病率也降低许多。

再次，在绿色的环绕中，人们可以享受到宁静、温馨的生活氛围，生活在鸟语花香之中的人们更容易融入自然，感受到生活的美好。

还有一件有趣的事情要介绍一下。原来我们一直认为树木是被动的生命，随风而动，遇雨而湿，但事实并非如此，至少在温度的调节这一点上，树木有自己的"主见"。美国科学家的研究表明，不论天气变得多么炎热或多么寒冷，树木都能将叶子的温度平均控制在最适宜的 21.4°C。

大自然的消声器——消减噪音，清静自然

过去，人们常把耳聋看作是一种老年常见病，但是科学实验证明，人老了不一定耳聋，而噪音却是造成人的听力减弱甚至耳聋的"无形杀手"。由此可见，噪音对我们的危害非常大，所以了解噪音的危害并且来制止噪音已经到了刻不容缓的时刻了。

噪音的影响和危害

在飞机场的附近，母鸡不会下蛋；居住在繁忙交通线附近的居民晚上总是难以入眠……这些都是噪音引起的。在现代社会，噪音污染已经严重影响了人们正常的生产和生活，这种现象在城市里表现得尤为突出。那么，噪音到底有哪些影响和危害？下面，就我们一起去了解一下吧！

▲ 图片说明:在南京商家必争之地的新街口闹市区,商家促销的高音喇叭震耳欲聋,人为地制造噪音,使行人苦不堪言。图为一位小姑娘捂着耳朵从南京闹市区新街口广场走过

第一、影响听力和视力。研究表明，听力的损伤程度与在噪音环境中暴露的时间有关，在 80 分贝以上的噪音环境中生活，造成耳聋的可能性可达 50%。不仅如此，噪音还会影响到视力。当噪音作用于听觉器官时，也会通过神经系统的作用而"波及"视觉器官，使人的视力减弱。实验表明，当噪声强度达到 90 分贝时，人的视觉细胞敏感性下降，识别弱光反应时间延长；噪声达到 95 分贝时，有 40% 的人瞳孔放大，视力模糊；而噪声达到 115 分贝时，多数人的眼球对光亮度的适应都有不同程度的减弱。

第二、影响学习工作，干扰睡眠。在噪音环境下，医生为病人听诊时正确率仅为 8%。如噪音达到 100 到 200 分贝时，几乎每个人

33

都会从睡梦中醒过来。高噪声的工作环境，可使人出现头晕、头痛、失眠、多梦、全身乏力、记忆力减退以及恐惧、易怒、自卑甚至精神错乱。在日本，曾有过因为受不了火车噪声的刺激而精神错乱，最后自杀的例子。

第三、影响内分泌系统和心血管功能。受噪音影响，人们会出现肾上腺分泌增多、心动过速、心律不齐、血压过高等症状。此外，噪声也是心血管疾病的危险因子，噪声会加速心脏衰老，增加心肌梗塞发病率。医学专家经人体和动物实验证明，长期接触噪声可使体内肾上腺分泌增加，从而使血压上升，在平均70分贝的噪声中长期生活的人，可使其心肌梗塞发病率增加30%左右，特别是夜间噪音会使发病率更高。

第四、危害中枢神经系统。噪音对人体的直接危害表现在破坏人体神经，使血管产生痉挛，加速细胞的新陈代谢，从而加快衰老期的到来。此外，噪声还可以引起如神经系统功能紊乱、精神障碍、内分泌紊乱甚至事故率升高。科学研究发现，噪音可刺激神经系统，使之产生抑制，长期在噪音环境下工作的人，还会引起神经衰弱症。

第五、影响儿童的智力发展。对于正处于生长发育阶段的婴幼儿来说，噪音危害尤其明显。经常处在嘈杂环境中的婴儿不仅听力受到损伤，智力发展也会受到影响。有人做过调查，在噪音环境下的儿童的智力比在安静环境下的儿童低20%。

显然，噪声日益影响着我们的生活、工作和学习，甚至还会引发社会矛盾，造成经济上的损失。噪声，正广泛地影响着人们的各种活动。

森林消减噪音，净化自然

噪音是现代城市的一种公害，那么如何消减噪音对我们的侵害呢？我们可以采取的措施很多，但其中必不可少的就是植树造林。这是因为森林在消减噪音方面的作用十分明显，简单来说10米宽的林带可以将噪音减弱30%，40米宽的林带可以减弱60%。

原来，森林就是绿色的隔音墙，是天然的消音器，它们枝叶茂密的树冠，表面粗糙的树干，对噪音有很强的吸收和消减作用。声波遇到坚硬而平整的建筑物表面，就会受到强烈的反射，而一旦遇到森林，就像皮球落在松软的沙滩上，不会再弹起来。城市噪声声波碰到树木枝叶经过多次吸收、反射的过程，最终声波能量减少或消失。据南京有关单位试验，城市马路上的汽车噪音穿过 12 米宽的悬铃木树冠，到达树冠后面的三层楼窗户时，与同距离空地相比，其噪音可降低 3 分贝～5 分贝。马路上 20 米宽的多层行道树（如雪松、杨树、珊瑚树、桂花各一行）可降低噪音 5 分贝～7 分贝；18 米宽的圆柏、雪松林带，可降低噪音 9 分贝。另外，乔、灌木、草地结合的绿化街道比不绿化的街道可减低噪音 8 分贝～10 分贝。

　　森林是陆地生态系统的主体，是陆地上面积最大、结构最复杂、生物量

▼合欢树，江苏南京市郊

最多、初级生产力最高的生态系统。森林的特殊功能决定了其在生态建设，促进人与自然和睦、维持生态平衡、维护人类生存与发展的基本条件中起着不可替代的作用。

● 知识链接 ✓

神奇的"气象树"

你听说过能够预测天气的树木吗？这就是我们将要为你介绍的"气象树"。青冈栎又叫青冈树，是一种在我国广泛分布的常绿乔木。它最大的特点在于树叶会随天气的变化而变色，因而有"气象树"之称。天气晴朗时，它的树叶呈深绿色；当将要下雨的时候，则变成红色；而当雨过天晴之后，树叶又恢复原来的样子。根据树叶颜色的变化，人们便可以预测天气了。真是太神奇了。可是，青冈栎为什么能预测天气呢？下面，就让我们一起去揭示其中的奥秘吧！

我们知道，树叶中含有叶绿素、叶黄素、花青素等化学物质。在一般情况下，叶绿素占据优势，其他色素都被叶绿素掩盖了，所以叶片呈绿色。青冈栎之所以与众不同，在于它对气候条件非常敏感。当久旱将要下雨前，强光、干旱、闷热等因素抑制了叶绿素的合成，与之相反的是花青素的合成占了优势，因而叶色变红；当雨后转晴，叶绿素的合成又占了优势，所以树叶又变成了绿色。于是树叶颜色的变化就成了预报天气的晴雨表。

其实，树木不仅能预报天气，而且还具有预报地震的特殊本领呢！东京大学的一位教授通过高灵敏的记录仪，发现合欢树能预报地震。据他的观察，在没有地震的正常情况下，合欢树发出的电信号具有固定的形状；在大地震来临之前的 5 小时～10 小时，合欢树发出的电信号为"锯齿状"；在中小地震开始前 50 小时左右，发出的电信号变成"波状"或"胡须状"；当海底火山喷发时，发生的电信号为"尖刺状"。

大树底下好乘凉——调节气候，增加降水

我们常说"大树底下好乘凉"，可是却很少有人去思考其中的缘由。这一方面是因为大树可以为人们遮挡烈日，另一方面是因为大树具有调节局部小气候的作用。一棵大树尚且如此，更不用说一望无际的森林了。

森林具有调节气候的作用

介绍森林的价值，不能不说森林调节气候的功能。正如前面所言，森林不仅能够调节局部小气候，而且能够调节整个地球的气候。从某种意义上说，森林就是气候的调节器。

气候的形成是诸多因素相互作用，长期积累的结果。森林是陆地生态系统中对气候影响最显著的部分，在气候的形成过程中森林无疑起着至关重要的作用。

首先，森林能有效减少温室气体，调节全球气温。随着工业革命的开始，人类大量燃烧化石燃料产生的二氧化碳已引起了全球温室效应。一百多年的时间全球气温上升了 0.5℃ ~ 0.7℃，加上森林退化和保护措施不够，森林的滥伐，毁林开荒，这一现象更加严重。而森林则能够通过光合作用吸收大气中的二氧化碳，生成有机质贮存在植物的枝、叶、干和根中，从而减少温室气体，调节全球气温。据估计，全球森林每年通过光合作用固定的碳约为 1 000 亿 ~ 1 200 亿吨，占大气总贮量的 13% ~ 16%。

其次，森林调节局部气温。森林庞大的林冠层，在大气与地表之间调节温度和湿度，形成了林内小气候，也影响了周围环境。林冠层繁茂的枝叶可以吸收反射太阳光，削弱太阳辐射，因而林内气温年较差和日较差均小于非林地。到了冬季，在温带一些针叶阔叶混交林中，由于林冠的覆被阻缓了积热的散发，从而使林内气温比林外高 1.1℃ ~ 1.5℃。据测算，一株直径 20 厘米的槐树相当于 3 台 1 200 瓦的空调的降温效果，1 公顷的绿地可以从环境中吸收 81.8 兆焦耳的热量，相当于 189 台空调机全天工作的制冷效果。

再次，森林调节局部降水量。我们都有这样的经验：山深林密的地方，往往云多、雾多、雨多。这是因为树木从土壤中吸收大量的水，通过蒸腾作用扩散到空气中，提高空气湿度，增加降雨量。据统计，同无林地区相比，有林地区空气湿度高 5% ~ 25%，年降雨量高 3.8% ~ 17%。

你知道吗？一棵中等高大的桉树，一年要从土壤中吸水近 4 000 千克；一个夏季每棵树平均蒸腾 2 吨水分；森林上空的空气湿度比无林区高 10% ~ 25%，比农田高 5% ~ 10%……这就是森林调节湿度和降水量的具体表现。建国以来，广东省雷州半岛造林面积达 360 万亩，森林覆盖率达 36%，改变了过去由于林木稀少时的严重干旱气候。据当地气象站的记载，造林后的二十年中，年平均降雨量增加到 1 855 毫米，比造林前四十年的平均降雨量增加 31%，蒸发量减少 75%，相对湿度增加 1.5%。

最后，森林调节城乡气候。在炎热的夏季，闷热难忍的时候，只要你一走进森林中，就会有一种清凉舒适的感觉。由此可见，城市绿地面积大，覆盖率高，能有效地改善居民居住环境的小气候。在城市与夏季主风方向一致的地方，利用自然河湖水面或利用主干道，形成的以乔木为主的通风绿带，引导风向市区内吹入，这种"管道"效应能有效地解决夏季炎热地区的通风问题。如找不到合适的"通风管道"，也可以利用小气候垂直环流来形成微风，也可以人为的在城市近郊设置若干森林地带，利用城内建筑和铺栽路面产生的辐射热和郊区绿带之间的温差，产生垂直环流，使市区近郊的冷空气，不断向市内流动补充，使在无风的天气都可有微风、凉风的感觉，这种"热导效应"也能有效地改善市内的通风条件。

城市森林建设的意义

城市是人类活动的中心，城市人口密集，下垫面变化最大。工商业和交通运输频繁，耗能最多，有大量温室气体、人为热、人为水汽、微尘和污染物排放到大气中。因此，人类活动对气候的影响在城市中表现最为突出。

◆城市"五岛"效应。

由于城市区域地垫面的改变和人为热、废气等的排放而导致气象要素（温、湿、风、雨、光、热）及尘、雾等的变化，在城市地区形成了以城市"五岛"效应为特征的城市小气候。

知识链接 ⊘

城市"五岛"效应是指城市的热岛效应、干岛效应、湿岛效应、浑浊岛效应和雨岛效应。

第一、城市"热岛"效应。城市热岛效应是指城市中的气温明显高于外围郊区的现象。郊区气温变化很小，而城区则是一个高温区，就象突出海面的岛屿，由于这种岛屿代表高温的城市区域，所以就被形象地称为城市热岛。城市热岛效应使城市年平均气温比郊区高出 1°C，甚至更多。夏季，城市局部地区的气温有时甚至比郊区高出 6°C 以上。城市热岛效应在我国各大城市都有分布，其中长江沿岸的上海、南京、武汉、重庆、杭州等城市非常突出。以武汉市为例，城市热岛特征以城区为主，面积大，热岛强度大于 4℃，直径大于 1.2km 的热岛中心有 8 个。

第二、城市干岛和湿岛效应。城市干岛和湿岛效应是指城区与郊区的热

▲爬山虎，学名 japanese creeper

力性质和气温差异造成的城区湿度的变化现象。一般来说，白天，尤其是盛夏季节的白天，下垫面通过蒸散过程而进入低层空气中的水汽量，城区小于郊区，郊区农作物生长茂密，城郊之间自然蒸散量的差值更大。通过湍流的垂直交换，城区低层水汽向上层空气的输送量又比郊区多，导致城区近地面的水汽压小于郊区，从而形成城市干岛效应。夜晚，风速减小，空气层结稳定，郊区气温下降快，饱和水汽压降低。大量水汽在地表凝结成露水，存留于低层空气中的水汽量少，水汽压迅速降低，与上层空气间的水汽交换量小，城区近地面的水汽压高于郊区，从而出现城市湿岛效应。

第三、城市"混浊岛"效应。城市是地球上的主要大气污染源，在机械湍流和热力湍流的作用下，工业、生活污染源、道路交通及汽车尾气等排放的大量颗粒污染物和有害气体，聚集在城市上空，形成了一个类似锅盖状的穹隆。这些污染物对太阳辐射有不同程度的吸收和反射作用，减弱了大气透明度，削弱了太阳直接辐射和总辐射，并减少了日照。城市轻雾、烟幕出现频率随大气污染物浓度而明显增加，致使空气混浊、能见度降低。这就是所谓的混浊岛效应。

第四、城市"雨岛"效应。城市中林立的高楼大厦被喻为"钢筋水泥的森林"，而随着"森林"密度不断地增加，尤其一到盛夏，建筑物空调、汽车尾气更加重了热量的超常排放，使城市上空形成热气流，热气流越积越厚，最终导致降水形成。这种效应被称之为雨岛效应。"雨岛效应"往往集中出现在汛期和暴雨之时，这样易形成大面积积水，甚至形成城市区域性内涝。

◆ 城市森林调节城市气候

城市气候效应严重影响了人们正常的生产和生活，这迫使人们不得不采取各种措施来改善城市生态环境。在众多措施中，营建城市森林是人们谈论最多、应用最为广泛的一种减灾措施。

那么，什么是城市森林呢？所谓城市森林是相对于自然森林而言的，主要指在城市及其周边以成片森林为主体，乔、灌、草相结合的城市森林生态系统和绿地景观系统。城市森林作为整个城市机体的重要组成部分，对于维持城市生态、经济、社会的良性运行起着核心作用。近年来，世界各国均非常重视城市森林的实践和研究，发展城市森林已成为建设生态城市、改善人

▲雾霾中的天津和平区南京路

居环境、打造城市品牌的重要手段。

第一、城市森林具有降温增湿作用，能有效的缓解城市"热岛"效应。高大树木能阻挡阳光照射地面、墙面，减少辐射，通过叶片蒸腾水分，增加空气湿度，降低地表温度，缓解城市的热岛效应。一棵树冠高大、枝叶浓密的树木在夏季里比光秃秃的空间可局部降低气温 4℃～8℃，湿度则增加 50%。这就是森林的绿岛效应。北京对城市森林空间分布特征与改善城市气候的研究结果表明：在植物生长季节，城市热岛分布成多中心型，但不分布在绿化覆盖率较高的地方；

夏季气温最高的 14:00 时，在绿化覆盖率不足 10% 的地方，夏季热岛强度最高相差 4℃~5℃；绿化覆盖率超过 20% 的地区与热岛中心之间的气温相差 2℃以上；如果市区绿化覆盖率达到 50% 时，夏季的酷热现象可得到根本性改变。

第二、城市森林具有涵养水源作用，能有效地减缓城市干、湿、雨岛效应。森林植被是天然的绿色水库。森林植物的蒸腾和林地蒸发等，将水分大量地蒸散到大气中。有林地区的空气湿度比无林地区一般高 15%~25%，城市森林通过降低暴雨形成的地表径流速率和流量，从而减轻洪水灾害，同时改善水源质量。

第三、净化城市空气，有效缓解城市浑浊岛效应。城市森林具有很强的净化空气的能力，由于树叶表面不平、多绒毛、分泌黏性油脂及汁液，能吸附大量灰尘。一株 165 年的松树，针叶的总长度可达 250 千米。每平方千米松林每年可滞留灰尘 36.4 吨，每平方千米云杉林每年可吸滞灰尘 32 吨。有关专家分别对北京近郊城市森林研究表明，城市森林日平均吸收二氧化碳 3.3 万吨，释放氧气 2.3 万吨；1 日平均蒸腾水量每平方千米 182 吨，蒸腾吸热每平方千米 4.48 亿焦耳，乔木林占蒸腾吸热的 87%，平均滞尘量为每平方千米 1.518吨，落叶乔木占 65%，常绿乔木占 20%，灌木和其他占 15%。

◆ 加强城市森林建设，改善城市气候环境的若干建议

第一、加强绿廊建设。由于城市道路处于交通污染严重的环境下，应进一步加强对道路绿化的建设，道路绿化带及河流绿化带属于人类塑造的一种特殊的绿廊。廊道（绿化带）的树冠阻挡了阳光和风，形成了微环境条件，除改变小气候外，还有分割屏障、连通的作用。在规划市区外缘，根据地形和可能条件，设置营造宽展的城市防护林带，并和邻县的农田防护林网相联结，在规划市区内，要在居住区、集团之间营造隔离林带，特别是工业区和居住区必须尽可能设置一定宽度的卫生防护林带。在这方面，上海市已做了不少努力，提出并着手建设长 97 千米，宽 500 米的外环线绿化带，并且注意绿色廊道的相互连通。这样，夏季就可以利用绿色廊道引凉风入城，消除一部分热岛，而冬季，大片树林可以减低风速，发挥防风作用。

第二、加强屋顶绿化。目前，国内大部分城市的屋顶素面朝天，很少绿化。这样的屋顶对光热日储夜放，不仅使夏季燥热难当，而且影响城市美景度。

很显然，屋顶绿化潜力巨大，可以成为城市绿地的重要增长点。其对改善市民的居住条件，提高生活质量，降低城区热岛效应以及美化城市的环境景观，改善生态效应都有着重要意义。与一般的绿化相比，屋顶绿化还大大可以降低绿化成本。据有关资料统计，在城市中心建造绿地，绿化、养护，连同拆迁费等成本一起计算在内，绿化成本在 1 万元／平方米以上，而屋顶绿化的成本在 200 元～ 500 元／平方米左右。

　　第三、发展针对性强的垂直绿化。研究表明，有垂直绿化的墙面表面温度比清水红砖表面温度低 5.5℃ ~14℃ ；并且每平方米小时可减少墙面热辐射6 148.8 千焦耳。因此，建设城市森林需要加强垂直绿化，凡是有条件的地方，都要加大力度继续拆墙透绿，把绿色亮出来。广泛栽种爬墙虎、常青藤等攀援植物。这方面日本就做得比较好，几乎只要有一点空闲的地方就会有花草树木。

　　第四、加强生态环境的宣传教育，提高市民的生态环境意识。市民生态环境意识是衡量一个城市文明程度的重要标志。各城市要通过各种媒体宣传普及生态环境的科学知识和环境保护的方针、政策、法律、法规等，同时利用各种手段提高市民的文化素养、生态环境意识、法律观念，使全市人民自觉地参与本城市的生态环境保护，建立文明的生态消费观念和形式，为建设生态城市做贡献。

　　第五、营造城市森林生态网络。城市森林生态网络所发挥的生态作用是许多小的分散的城市森林所无法替代的，因此我们需要通过城市森林点、线、面的结合把城市森林连接成网络，减少城市森林分布的孤立状态，增强其抗干扰能力和边缘效应。

大地的霓裳——涵养水源，固土保水

　　人类的生存和社会的发展都离不开水土资源，土地是立国之本，水利是农业的命脉，而森林则是护土保水的卫士。如果失去了森林的保护，不知多少肥沃的土壤会随着无情的雨水流失。

我国水土流失情况

　　水土流失也叫土壤侵蚀，是指由于森林植被的破坏，降落的雨水不能就地吸收，冲刷土壤，使土壤和水分一起流失的现象。它是一种严重破坏人类生存环境的现象。由于肥沃土壤不断随水流失，千里沃土变为贫瘠的不毛之地，最终丧失农业生产的基本条件。被冲刷下来的泥沙，或流入下游的水库、湖泊，或淤塞江河、渠道，很容易造成江河洪水泛滥成灾。

　　我国的水土流失问题非常严重。目前，我国水土流失量已超过 50 多亿吨，其中氮、磷、钾的流失量达 4 000 多万吨，相当于每年平均减少耕地 500 多万亩，水土流失面积约有 150 万平方千米。以黄土高原为例，历史上黄土高原是草丰林茂的千里沃野，森林覆盖率达 53%，黄河很多支流清澈见底。但经过历代王朝的战火和大兴土木，使森林遭受严重破坏，随之而来的是历经千年的水土流失。位于黄河流域的泾河在春季涨水时，泥沙含量占水量的 30%，而夏季洪水时则达到 50%。面对黄土高原水土流失的现状，有的人痛惜地说："这是中华民族的动脉大出血。"

▼黄土高原地貌

森林的蓄水保土作用

"有林泉不干，暴雨不成灾""山上没有林，水土保不住；山上栽满林，等于修水库；雨多它能吞，雨少它能吐"，这些谚语形象地说明了森林蓄水保土的作用。

先来看看下面一组数据：在降雨量346毫米的情况下，林地上的土壤每亩冲刷量仅为4千克，草地上为6.2千克，农耕地上为238千克，而农闲地上为450千克。为什么森林会有这么大的"魔力"呢？原来天然降雨落到森林地带，降雨量的15%～30%被茂密的林冠层所截留，其余的50%～80%的雨水被林地上的地被植物与森林土壤蓄积起来，雨后再缓慢地以泉水形式释放出来。这样就把雨水对土壤的侵蚀作用降低到最低的程度。事实表明，每亩森林至少可以贮存20立方米的水，营造5万亩森林，相当于修建一座库容为100万立方米的水库。森林，无愧是水分循环的"绿色天然水库"。不仅如此，森林还能有效地减轻泥石流和山体滑坡的危害。由于林木根系在土中交织、盘根错节，深入岩缝，因此能够防止滑落面的形成，起到加固斜坡，减少滑坡、泥石流和山洪的发生的作用。

知识链接 ✓

森林在调节水分平衡方面有重要价值，有这样一个过程：大气降水——林冠截留——林地贮藏——地下水——林下蒸腾——返回森林上空降水，如此循环。

水土流失是一种自然灾害，给工农业生产、水利事业和人民生活带来不良的影响。毁林开荒已经造成世界各地的沙漠化加剧，中国的西北曾经是大片森林覆盖的，有许多的河流，由于人们过度的开垦，再加上降水的减少，许多古城被沙漠吞噬了。凡事讲究方法，咱们可以去查一下他们改造沙漠的经验，绝对不是简简单单的植树。西北的许多地方的荒漠已经被人们又改造成了绿洲，树多了，蒸发量变大了，水汽就会集结成雨水，这是一个良性循环。

防治水土流失

由于复杂的历史原因，我国是世界上水土流失最为严重的国家之一。据水利部 1990 年调查统计，全国土壤侵蚀的面积达 492 万平方千米，占国土面积的 51%。其中水蚀面积 179 万平方千米，风蚀面积 188 万平方千米，冻融侵蚀面积 125 万平方千米。水土流失危害十分严重，不仅造成土地资源破坏，使农业生产与生态环境恶化，而且造成水旱灾害加剧，影响生产发展。

▲1999年，云南水土流失一瞥

据初步统计，由于水土流失，每年损失土地约 13.3 万公顷。仅黄土高原每年流失 16 亿吨，泥沙中含有氮、磷、钾三种肥料元素总量约 4 000 万吨，东北地区因水土流失氮、磷、钾总量约 317 万吨。水土流失还会淤积河床，加剧洪涝灾害。1949 年以来，黄河下游河床平均每年抬高 8 厘米～10 厘米，目前已高出两岸地面约 4 米～10 米，成为有名的地上"悬河"。

正因为如此，防治水土流失意义十分重大。为此我们需要开展水土流失的综合治理，把工程措施与生物措施结合起来。在生物措施中要坚持林、灌、草结合，其中草本植物即草的作用十分重要。这是因为在植物固土作用中，根系起着非常大的作用。在干旱、半干旱地区，由于用造林办法进行水土保持十分困难，种草就成了最重要的生物措施。即使在半湿润地区，造林可行，乔灌草的结合也是十分必要的。

知识链接 ✓

水源涵养林

水源涵养林是指涵养水源、调节水量的一种防护林，主要分布在河川上游的水源地区。水源涵养林对于调节径流，防止水、旱灾害，合理开发、利用水资源具有重要意义。

首先，调节河水径流，削减河川汛期径流量。森林土壤因具有良好的结构和植物腐根造成的孔洞，渗透快、蓄水量大，可以很好地调节坡面径流，即使在特大暴雨情况下形成坡面径流，其流速也比无林地大大降低。森林对坡面径流的良好调节作用，可使河川汛期径流量和洪峰起伏量减小，从而减免洪水灾害。

其次，调节地下径流，增加河川枯水期径流量。在降低河流丰水期径流的同时，森林也增加了枯水期的径流量。森林把大量降水渗透到土壤层或岩层中并形成地下径流。一般来说，地表径流只要几十分钟至几小时即可进入河川，而地下径流则需要几天、几十天甚至更长的时间缓缓进入河川，从而使得河川径流量在年内分配比较均匀。

再次，减少径流泥沙含量，防止水库、湖泊淤积。河川径流中泥沙含量的多少与水土流失相关。水源林一方面对坡面径流具有分散、阻滞和过滤等作用；另一方面其庞大的根系层对土壤有网结、固持作用。在合理布局情况下，还能吸收由林外进入林内的坡面径流并把泥沙沉积在林区。

绿色的屏障——防风固沙，保护农田

21 世纪到来的第一天，一场沙尘暴不期而至，扫荡着首都北京。这再一次提醒我们，以往对环境的欠账远没有还完，沙漠正一步步向我们走来。

土地沙化呈现加速蔓延

干旱、半干旱地区由于多处于大陆性气候控制之下，季风频繁，风力强劲，天气干旱，土质疏松，加之土地的不合理利用和自然植被的破坏，每遇强风极易引起土地沙化，地力下降，不仅直接影响当地人民的生产、生活条件，而且沙尘危害往往波及千余公里，恶化区域性大气质量。

全世界各沙漠边缘的这类潜在沙漠化土地，共约 2 000 万平方千米，全世界每年约有 5 万～7 万平方千米土地沦为沙漠。我国的这类土地约占国土面积的 13.6%，每年沙漠化土地面积还在以 1 000 平方千米的速度扩展。沙漠化

▲村民捧着受煤厂污染沙化的土地，在贵州省黔西县雨朵镇龙场村，上百亩农田因煤厂开采导致水土流失颗粒无收

问题，已经是全球性的环境问题之一。

下面让我们看一组统计数据：20 世纪世纪 50 年代至 70 年代，我国沙漠化土地平均每年以 1 560 平方千米的速度扩大。进入 80 年代，沙漠化土地平均每年扩大 2 100 平方千米。到 90 年代末，沙化土地以平均每年 2 460 平方千米的速度扩展，相当于一年损失一个中等县的土地面积。

触目惊心的数据表明沙漠化已经是一个全球性环境问题。保护环境，改善生态，已成为国际社会的共识。1992 年联合国环发大会将防治沙漠化列为国际社会优先采取行动的领域。1994 年 6 月，在巴黎批准了《联合国关于在发生严重干旱和 / 或荒漠化的国家特别是在非洲防治沙漠化的公约》（简称"联合国防治沙漠化公约"）。看来，防治沙漠化将是 21 世纪全人类的共同任务。

老子曰：人法地、天法道、道法自然。在 21 世纪到来之际，展望未来，让我们接受绿色吧，与自然和谐相处，为保护生态环境作一份贡献。

▲甘肃省连年投入巨资，相继实施了退耕还林、天然林保护、三北防护林四期和野生动植物保护及自然保护区建设等四大重点林业工程。在陡坡地和荒山上，退耕灭荒造林3200万亩；在荒漠化最严重的河西走廊风沙区前沿，建起了长达1200多千米的防风固沙林带

沙漠的克星——森林

面临日益严重的沙漠化，人类应该怎样应对呢？这依然要求助于森林——沙漠的克星。

科学研究和实际经验表明，采用地面植物覆被，营造防护林，对防止土地沙漠化是非常有效的措施。当刮风时，气流受到林木的阻挡和分割，迫使一部分气流从树梢上绕过，一部分气流透过林间枝叶，分割成方向不同的小股气流，风力互相抵消，强风变成了弱风。据各地观测表明，一条10米高的林带，在其背风面150米范围内，风力平均降低50%以上；在250米范围内，降低30%以上。防护林防护范围内，由于风速的降低引起一系列小气候因素的改变，如蒸发力可降低25%～30%，这意味着能够增加土壤水分保蓄量，提高栽培植物需要的土壤水分有效利用率，从而创造作物增产的条件。我国"三北"防护林体系营造起来之后，就使很多不适宜耕作的土地或难以利用的土地变成了良田。

这里有一个很好的例子可以说明森林对防止沙漠化的作用。1981年5月10日至13日，内蒙古赤峰县出现了一场持续68小时的11级暴风。这个县的太平地公社由于有较好的防护林网和成片固沙林的保护，全公社除了林带缺口附近和边缘地带的1 000亩农田遭受灾害外，其他6.5万亩农田苗全苗壮，秋收总产量仍然达到无灾的1980年水平。相反，与之相邻的哈拉道口公社，由于大部分土地没有营造防风林带，播种的6.2万亩农田，在这次暴风中，有4.7万亩农田的活土层被风刮光。有的地块，被沙埋了半尺以上，损失严重。

面对沙漠的肆虐，人类用自己的意志和行动筑起了一道绿色长城——森林。以我国为例，1978年开始实施的"三北"防护林体系工程揭开了我国林业生态工程建设的序幕。随后，国家又相继启动了长江中上游防护林建设等林业重点工程。到1999年底，"三北"防护林、长江中上游防护林、太行山绿化工程分别完成造林2 826.9万公顷、613.3万公顷、315.4万公顷；沿海防护林体系建设使我国1.8万千米的海岸基干林带基本合拢；平原绿化工程有850个县（市）基本实现绿化达标，全国已实现林网化面积达3 419万公顷；全国防沙治沙工程完成治理开发沙区800万公顷，造林种草667万公顷；黄

▲宁夏中卫防沙林

河中游、淮河、珠江、辽河流域防护林体系建设也取得可喜成绩。林业十大重点生态工程，特别是"三北"防护林工程建设，使我国局部地区生态环境得到明显改善，减缓了我国生态环境恶化的趋势，对经济和社会发展发挥了重要作用。

━━━━━━━● 知识链接 ✓

三北防护林的屏障作用

从1978年起，国家在从东部黑龙江到西部新疆的万里风沙线上，采取封沙育林、飞机播种造林、人工造林相结合的措施，营造带片网、乔灌草相结合的防风固沙林体系，共营造防风固沙林近500万公顷，工程区内20%的沙化土地得到初步治理，有1000多万公顷过去沙化、盐碱化严重的草原得到保护和恢复。重点治理的毛乌素、科尔沁两大沙地林草覆盖率分别达到29%和20%以上，率先实现了土地沙化的根本性逆转。据第3次全国荒漠化和沙化监测表明，与1999年相比，三北防护林的陕、甘、宁、内蒙古等6省区，沙化土地减少了7 921 km²，远远高于全国的净减少水平。

呼伦贝尔沙地分布于内蒙古自治区呼伦贝尔市的鄂温克旗、新巴尔虎左旗、新巴尔虎右旗、陈巴尔虎旗、海拉尔区境内，总面积为130.5万公顷。其中流动沙地面积2.8万公顷，半固定沙地面积9.1万公顷，固定沙地面积74.9万公顷，露沙地面积43.7万公顷。三北防护林体系建设二期工程启动后，呼伦贝尔沙地治理被列为重点建设范围。经过近二十年的治理，已取得了一定的成效。治理流沙近40万亩，其中20多万亩流动沙地已基本得到治理。封育保护樟子松成林面积200多万亩，局部地方沙化扩展的趋势被遏制，生态环境有了明显改善。特别是在实施沙地樟子松封育项目后，大片封育成林的樟子松林带，不仅使500万亩的沙化土地得到了治理，而且庇护了近2 000万亩的草场，有效地保护了呼伦贝尔草原东南部和海拉尔河两岸的草场，靠近樟子松林带的广大牧民很少遭受到暴风和雪灾。现在呼伦贝尔草原东南方向的两条沙带和海拉尔河两岸沙带都在樟子松林带的屏障作用下得到了一定程度的控制。

经过20多年的连续建设，三北防护林地区营造农田防护林253万平方千米，57%的农田实现了林网化，庇护农田1 756万平方千米。在东北平原、黄河河套、河西走廊和新疆绿洲等风沙对农牧业生产危害严重区，已相继建成了跨区域、集中连片的农田防护林网，保证了农牧业的健康发展。素有"北方大粮仓"之称的松辽平原，通过三北防护林工程建设，共营造了农田防护林60多万平方千米，80%的农田实现了林网化，使66.7万平方千米的风剥地变成了稳产高产田，成为我国重要的商品粮生产基地。新疆403万平方千米农田中已有93%受到了农田林网的庇护，为保障全疆农牧业生产连续27年丰产丰收发挥了不可替代的绿色屏障作用。

生灵的乐土——保护动物，提供家园

　　我国古代分布着大片茂密的森林，我们的祖先就是从森林那里获得生存的空间、土地、能源和食物，从而发展了中华民族灿烂的文明。森林，是大自然赋予我们的最宝贵财富，它对我们人类社会发挥着不可估量的作用。归纳起来，主要有两方面的作用。第一，森林为人类提供了生存、生产和生活所必须的物质资料，这是森林对人类的最直接效益。第二，森林的巨大生态效应，具有保护水土、防风固沙、调节气候、净化空气等作用。生态环境恶化的后果，使人们越来越清醒地认识到，森林对人类的生态效应远远超过了它所提供的林木和林产品的价值。

生物资源的锐减

　　森林的大量消失，使生态系统遭到破坏，从而加剧了物种灭绝程度。大

▲麋鹿，北京大兴麋鹿苑

家都听说过麋鹿的故事吧？所谓麋鹿就是我们常说的"四不像"。19世纪时，麋鹿曾广泛分布在长江流域，而如今这个物种在中国早已经灭绝了。目前，在江苏盐城等地还有几个麋鹿保护区，里面的麋鹿都是从欧洲重新引回来的。

　　麋鹿是中国比较典型的已经灭绝的物种。由于森林资源稀少和野外动植物栖息地的破坏，中国很多珍稀动植物都处于濒危状态。据初步统计显示，中国处于濒危状态的动植物物种为总数的15%～20%。目前中国已有近200个特有物种消失，还有些已经濒临灭绝。如海南黑冠长臂猿和海南黑熊等大大减少，稀有植物如望天树、龙脑香等濒于灭绝；大象、孔雀雉等野生动物大为减少，野马、新疆虎等20余种珍稀动物已经或基本灭绝。

≡ 森林是我们的家园

　　森林是植物的生长地，是动物们栖息地，更是人类的家园。没有了森林，地球就不会美丽；没有了森林，全球气温会更加快速地上升；没有了森林，人类有可能会消失。

　　我们应该保护好自己的家园，反之就会受到大自然的警示甚至惩罚。1986年，非洲32个国家经历了连续三年的大干旱，庄稼枯死，大批热带动物渴死，饿殍遍野，联合国为之惊呼，称之为"非洲近代史上最大的人类灾难"。这都是乱砍滥伐的后果！原来，为了改善当地的贫苦状况，这些非洲国家大肆砍伐森林，结果引起了大范围生态失衡。其中受灾最为严重的要数毛里塔尼亚，其丧失森林的结果就是全国98%土地严重沙漠化。

　　据世界自然保护基金会估计，全球的森林正以每年2%的速度消失，按照这个速度，50年后人们将看不到天然森林了。滥砍滥伐，使大自然的生态平衡遭到了破坏：沙丘吞噬了万顷良田，洪水冲毁了可爱的家园……没有自然，便没有人类，这是最朴素的真理；一味地掠夺自然，征服自然，只会破坏生态系统，咎由自取，使人类濒于困境。这句话说得一点也不错，人不给自然留面子，自然当然也不会给人留后路，飓风、暴雨、暴风雪、洪涝、干旱、虫害、酷暑、森林大火、地震等灾情不期而至，全世界因干旱等原因而造成的迁移性难民预计到2025年达到1亿人。由此可见，保护森林是多么重要的事情啊！

　　森林是地球生物繁衍最为活跃的区域。森林保护着生物多样性资源，而且无论是在都市周边还是在远郊，森林都是价值极高的自然景观资源。我们在日常生活中都会有这样的感觉，在许多风景优美的城市，不仅有优越的自然地貌和良好的建筑群体，而且还有优美的城市绿化环境。例如，广州之所以被称为"花城"是因为广州市的街道绿化，采用了大量的开花乔木作为行道树，春华秋实，这样既美化了城市环境又给城市增添了色彩和街景。

　　保护森林，就是保护我们自己的家园。

财富的源泉——提供木材，给养人类

前面对森林的生态价值和环境效益已经作了大量的介绍，下面就让我们来看看森林的实用价值吧！森林是人类的老家，人类是从这里起源和发展起来的。在荒蛮的远古时期，人类的生存就和森林紧紧联系在一起。直到今天，森林仍然为我们提供着生产和生活所必需的各种资料。据估计，目前世界上依然有 3 亿人以森林为家，靠森林谋生。在泰国的某些林业地区，60% 的粮食取自森林，而森林灌木丛中的动物则给人们提供肉食和动物蛋白。

森林能够给养人类

森林的用途十分广泛，造房子，开矿山，修铁路，架桥梁，造纸，做家具等等哪一样都离不开森林。我国使用药用植物已有 5 000 年的历史，绝大

▲河北遵化，清东陵普祥峪定东陵（慈安太后陵墓）明楼

多数的药材都是从森林中取得的。以烧火做饭为例，自从人类钻木取火以来，森林提供的木材就是人类薪柴的来源。目前，在一些发展中国家薪柴依然是最主要燃料，世界上约有20亿人靠木柴和木炭做饭，像布隆迪、不丹等国家，90％以上的能源靠森林提供。

看看人类的成长史，哪一项成就能离得开森林呢？传说中的楼木为巢的有巢氏、钻木取火的燧人氏、教民渔猎的伏羲氏、教民耕种的神农氏，他们的业绩都是以森林为历史舞台背景；"刳木为舟，剡木为楫，断木为杵，掘地为臼……弦木为弧，剡木为矢……斫木为耜，揉木为耒"，哪一项离得开森林呢？人们从生活实践中逐渐认识到林木的广泛用途，并利用这些森林来维持生计和发展生产，树木成为人民日常生活中必不可少的自然资源。可见，人们的衣食住行都来源于森林，这就决定了人类对森林利用的过程，也是文明的进程。

下面就让我们回溯历史的脚步，去看看历史上人类开发利用森林的情况吧！

◆ 建筑用材

中国的古代建筑主要是木质构造，无数能工巧匠，以其得天独厚的森林资源，创造了以木结构为主要形式的各类建筑。秦汉时期，由于统治阶级奢靡成风，开始大兴土木，营建宫殿。秦始皇统一中

▲黄鹤楼，湖北省武汉市

国后，大兴宫殿，"关中计宫三百，关外四百余"，"咸阳之旁二百里内宫观二百七十"。其中尤为著名的莫过于阿房宫，其耗材巨大也是不言而明的。这种状况在中国历史上一直延续到明清时期。在18世纪末叶，北京居住的达官显贵、富户贵族，兴起奢侈之风，修建四合大院及花园林苑，追求豪华富丽，所用木材，以黄松（即华北落叶松）或油松为主梁，历久不腐。建筑用材，首先取之京西、京北之远山林区，森林资源不断遭受毁坏。对于森林资源来说，这种风气无疑是一场灾难，正所谓"宫室奢靡，林木之蠹"。

◆舟船用材

造船业在我国古代就是很发达的一个行业，古人远行以舟船代步，比陆上车辆更方便。最早的木筏于"桴"或"柎"，所以《论语·公冶长》有"乘桴游于海"的说法。不论是舟、船还是桴、楫，都是用木材制造的。

战国时期越王勾践为了表明自己称霸中原之意图，将其父亲的坟墓由会

▼北京故宫博物院建立于1925年10月10日，是在明朝、清朝两代皇宫及其收藏的基础上建立起来的中国综合性博物馆，也是中国最大的古代文化艺术博物馆，其文物收藏主要来源于清朝宫中旧藏

稽海运到琅琊，共出动近 3 000 水军伐木筑筏，航行声势浩大，而所用木材之众也自非寻常。唐高宗龙朔三年 (663 年) 有"停罢三十六州造船"的诏令，这说明唐代前期由国家经营的造船业遍及 36 州。民间的造船业更为发达，白居易诗"中桥车马长无已，下渡舟航亦不闲"之句，可见舟楫之盛。宋元时期，国内外贸易均大力发展，无论内河航运还是海运，规模都前所未有。明清时期的造船业十分发达，对木材的需求也相当大，据记载："一千料海船一只合用：杉木三百二根，杂木一百四十九根，株木二十根，榆木舵杆二根，栗木二根，橹坯三十八枝……;四百料钻风海船一只合用：杉木二百八十根，桅心木二根，杂木六十七根，铁力木舵杆二根，橹坯二十只，松木五根……"其使用木材之多可见一斑。

◆ 丧葬用材

厚葬是我国古代丧葬民俗的主流，尽管历来有人反对，但厚葬之风仍然盛行，在相当长的历史时期，丧葬用材在木材消耗中占据很大分量。这种现象在汉代表现得尤为突出。汉代贵族棺椁用材之多令人吃惊。东汉时，中山简王刘焉死后所修墓冢，"发常山、巨鹿、涿郡贡肠杂木，三郡不能备，复调余州郡，工徒及送致者数千人，凡征发徭动六州十八郡"。西汉有皇帝 11 位，异姓王 10 人，同姓王 63 人。如果将其子孙相继者计算在内，则有数百人之多。除此之外，平民百姓也普遍使用木制棺椁，对木材的消耗可想而知。

◆ 手工业用材

在漫长的历史发展进程中，手工业的发展占有重要地位，不仅门类众多，而且技术精湛。而多数手工业都与木材有直接或间接的关系。森林中的木材，一方面作为手工业的原料，另一方面还作为其燃料。由于取材方便，森林茂密之处往往是手工业发达之处。以冶金业为例，古人很早就懂得了冶金的技术，其燃料主要是木炭，所以伐木烧炭业在中国也有漫长的历史。木材烧成木炭作为冶金燃料有特殊的意义，它既是一种发热剂，也是一种还原剂，这种传统冶金工艺一直推行。到北宋时，北方开始使用煤代替木炭，一方面说明技术的进步，另一方面也说明森林资源的枯竭，当时无木材可采，木炭缺乏原料，而采取以煤代炭的措施。

≡ 城市中的森林

　　森林的重要性是怎么说都不为过的，那么需要做些什么呢？从城市的角度看，我们首先要做的就是实现城市园林化。所谓城市园林化，是指在中国传统园林和现代园林的基础上，紧密结合城市发展，适应城市需要，顺应当代人的需要，以整个城市辖区为载体，以实现整个城市辖区的园林化和建设

▲ 故宫博物院

国家园林城市为目的的一种新型园林。城市园林化的总目标是"空气清新，环境优美，生态良好，人居和谐"，从而形成城中有乡，郊区有镇，城镇有森林，林中有城镇的理想生活布局。

这是一项重要的环境建设事业，是其他非生物设施所代替不了的，更是利于当代和造福子孙后代的城市基础设施，对整个城市以至于整个社会经济发展都具有相应的推动作用。具体来说，推动城市绿化，建设城市中的森林具有以下意义：

首先，绿化建设所投入的绿化材料，在合理的养护下，将不断增加物质量，为社会积累财富。据《宝钢绿地资源评价与生态群落构建研究》估算，上海宝山钢铁总厂的厂区绿化价值，为建设费及其养护管理费总投入的2.3倍。

其次，绿化的环境功能，是潜在的生产力，融合在社会生产的全过程中，作为一项重要的环境资本，是可持续发展的保障条件之一。许多城市和社区出现了"以绿引资，因绿兴市"的连锁反应，因环境改善、景观美化，而招来投资者、旅游者，繁荣了经济。有远见的建设者、开发商，为了适应当今人们注重环境选择"择绿而居"的时尚，自觉地投入土地、资金兴建绿地，成为决策的热点。

最后，城市绿化形成的"经济波澜"渗透在社会经济和人民生活的各个方面。绿化建设所形成的经济动力，涉及许多经济领域。提高了环境质量，提升了地区的物业价值，改善了居住条件，造福人民；拉动了房地产市场、金融市场、装潢市场、建材市场、劳动力市场、搬运市场等。除了投资者直接受益以外，对社会经济的拉动作用是很大的，只要进行综合核算，其经济效益将大大超过投资额。由于经济效益的诱导效应，提高了投资主体的"绿化觉悟"，推动了绿化建设的自觉性、主动性。

总之，城市园林化不仅能改善空气质量、缓解"热岛效应"、减少泥沙流失、涵养水源、减少风沙危害、减轻噪音污染、丰富生物品种，更能带动种苗、花卉产业、增加景点景区、优化投资环境、美化自然环境，人类何乐而不为呢？

▼河北省石家庄市水上公园

三

森林与传统文化

燧人取火——古代森林与火的传说

钻木取火的传说

在人类历史上，火的发现和应用是最重要的进步之一，从此人类告别了茹毛饮血的时代。人类是怎么发现和使用火的呢？大家都听说过燧人取火的传说吧！在中国古代神话中，正是燧人氏发明了钻木取火。

在远古的蛮荒时期，人们不知道有火，更不知道怎样用火。到了晚上，四处一片漆黑，野兽的吼叫声此起彼伏，人们蜷缩在一起，又冷又怕。更严重的是，由于不知道火的用处，人们只能过着茹毛饮血的生活，身体质量很差，经常生病，寿命也很短。

天上有一位叫伏羲的神仙看到人类艰难的生存状况，心里很难过，于是他大展神通，在山林中降下一场雷雨。"咔"的一声，雷电劈在树木上，树木燃烧起来，很快就变成了熊熊大火。人们被雷电和大火吓着了，到处奔逃。不久，雷雨停了，夜幕降临，雨后的大地更加湿冷。逃散的人们又聚到了一起，他们惊恐地看着燃烧的树木。这时候有个年轻人发现，原来经常在周围出现的野兽没有了，他想："难道野兽怕这个发亮

▲燧人钻木取火，出自清末《启蒙画报》

的东西吗？"于是，他勇敢地走到火边，发现自己身上好暖和呀。他兴奋地招呼大家："快来呀，这火一点都不可怕，它给我们带来了光明和温暖！"这时候，人们又发现不远处烧死的野兽，发出了阵阵香味。人们聚到火边，分吃烧过的野兽肉，觉得自己从没有吃过这样的美味。人们感到了火的可贵，他们拣来树枝，点燃火，保留起来。每天都有人轮流守着火种，不让它熄灭。可是有一天，守着火种的人睡着了，没有及时添加木材，结果火种熄灭了。人们又重新陷入了黑暗和寒冷之中。大神伏羲在天上看到了这一切，他来到最先发现火的用处的那个年轻人的梦里，告诉他："在遥远的西方有个遂明国，那里有火种，你可以去那里把火种取回来。"年轻人醒了，想起梦里大神说的话，决心到遂明国去寻找火种。

年轻人翻过高山雪岭，涉过大河大江，穿过茫茫森林，历尽千辛万苦，终于来到了遂明国。可是这里没有阳光，不分昼夜，四处一片黑暗，根本没有火。年轻人非常失望，就坐在一棵叫"遂木"的大树下休息。突然，年轻人眼前有亮光一闪，又一闪，把周围照得很明亮。年轻人立刻站起来，四处寻找光源。这时候他发现就在遂木树上，有几只大鸟正在用短而硬的喙啄树上的虫子。只要它们一啄，树上就闪出明亮的火花。年轻人看到这种情景，脑子里灵光一闪。他立刻折了一些遂木的树枝，用小树枝去钻大树枝，树枝上果然闪出火光，可是却着不起来。年轻人不灰心，他找来各种树枝，耐心地用不同的树枝进行摩擦。最终，树上冒出了明亮的火花。

年轻人回到了家乡，为人们带来了永远不会熄灭的火种——钻木取火，从此人们再也不用生活在寒冷和恐惧中了。人们被这个年轻人的勇气和智慧折服，推举他做首领，称他为"燧人"，也就是取火者的意思。目前，在商丘市西南2千米的地方有一座燧皇陵，其冢高约7米，周围松柏环绕，相传这里就是燧人氏的墓地。

燧人氏的相关历史记载

传说毕竟是传说，那么人工取火到底是怎么发明的呢？火的现象，自然界早就存在，无论是火山爆发，还是打雷闪电，都可能燃起森林大火。可是

▲河南商丘燧人氏陵墓。燧人是中国上古神话中火的发明者，有说法他为三皇之一

原始人开始看到火，不会利用，反而怕得要命。后来偶尔捡到被火烧死的野兽，拿来一尝，味道挺香。经过多少次的试验，人们渐渐学会用火烧东西吃，并且想法子把火种保存下来，使它常年不灭。又过了相当长的时期，人们把坚硬而尖锐的木头，在另一块硬木头上使劲地钻，钻出火星来；也有的用燧石敲敲打打，敲出火来。人工取火是一个了不起的发明。从那时候起，人们就随时随地可以吃到烧熟的东西，而且食物的品种也增加了。

钻木取火的发明当然是古代人民集体智慧的结晶，不可能是某一个人发明的，因而把其功劳完全归于燧人氏难免有点偏颇。

知识链接 ✓

在中国古代典籍中，还是有许多关于燧人氏的记载。下面就让我们一起去看一看吧！

《韩非子·五蠹》云："上古之世，人民少而禽兽众，人民不胜禽兽虫蛇；……民食果蓏蚌蛤，腥臊恶臭而伤害腹胃，民多疾病。有圣人作，钻燧取火，以化腥臊，而民悦之，使王天下，号之日燧人氏。"

《拾遗记》云："遂明国有大树名遂，屈盘万顷。后有圣人，游至其国，有鸟啄树，粲然火出，圣人感焉，因用小枝钻火，号燧人氏。"

《古史考》云："太古之初，人吮露精，食草木实，山居则食鸟兽，衣其羽皮，近水则食鱼鳖蚌蛤，未有火化，腥臊多，害肠胃。于是有圣人出，以火德王，造作钻燧出火，教人熟食，铸金作刃，民人大悦，号曰燧人。"

《三坟》云："燧人氏教人炮食，钻木取火，有传教之台，有结绳之政。"

《汉书》云："教民熟食，养人利性，避臭去毒"。

▲ 黎族男子在现场演示"黎族钻木取火"，2010年中国海南岛欢乐节

燧人取火非常业，世界从此日日新。正如恩格斯所说："就世界的解放作用而言，摩擦生火还是超过了蒸气机。因为摩擦生火第一次使得人支配了一种自然力，从而最后与动物界分开。"从这种意义上说，燧人氏的功劳值得人们永远铭记。

黎族的钻木取火

人工取火的发明，对于远古人类的生活无疑起了极为重要的作用，那么古人是怎样钻木取火的呢？据民俗学家调查，在黎族地区还保留着人工取火术。下面就让我们去看看黎族人是怎样钻木取火的吧！

在海南省保亭、昌江、东方等黎族聚居地区，至今还有一些老人掌握着钻木取火这项古老的技术。黎族钻木取火工具由两部分组成，一个为钻火板，一个为钻竿和弓木，二者配合才能取出火来。钻火板要选择干燥的易于燃烧的木料，钻竿要粗细适中。在取火的时候，将钻火板固定，用弓木拉动钻竿不停地转动，同时把自备的干苔藓放入取火孔之中，不断地用嘴往孔里吹风，一会儿工夫，就可看见取火孔处开始有烟出现。然后，再加些芭蕉根纤维，继续吹风，大概过十分钟左右，小火苗慢慢地燃了起来。

据海南省非物质文化保护中心王海昌介绍，黎族钻木取火具有考古学、历史学价值。钻木取火中所用的媒介物，即用易燃的芯绒、芭蕉根纤维、木棉絮等引燃，为有机物，因年代久远，不易保存，很难在考古发掘中发现，这正是考古资料在学术研究上的局限性。钻火板、钻竿或弓木作为文物，本身不会说话，是一种死化石，单凭这些资料很难说明钻木取火的过程，这只能求助于作为"活化石"的民族学有关资料的帮助。近年来，国家非常重视非物质文化遗产的保护，2006年5月20日，黎族钻木取火技艺经国务院批准列入第一批国家级非物质文化遗产名录。

无树难为文——古代诗词中的森林

森林不仅给人类提供了丰富的物质财富，还为人类提供了取之不尽的精神财富。在古代浩如烟海的诗词文章中，描写和赞美森林的名篇数不胜数，下面就让我们沿着历史的痕迹来欣赏古代诗词中的森林吧！

汉代诗词中的森林

森林很早就是诗歌中必不可少的因素之一，一则是因为古人的生活与森林密切相关，二则是因为森林对于古人来说具有特殊的意义，人们往往通过森林的描写来表达或寄托自己的感情。下面就让我们欣赏一下享誉古今的《古诗十九首》（东汉末年无名氏作）第十三首《驱车上东门》吧！

驱车上东门，遥望郭北墓。

白扬何萧萧，松柏夹广路。

下有陈死人，杳杳即长暮。

潜寐黄泉下，千载永不寤。

浩浩阴阳移，年命如朝露。

人生忽如寄，寿无金石固。

万岁更相送，圣贤莫能度。

服食求神仙，多为药所误。

不如饮美酒，被服纨与素。

在这首诗中，作者直抒胸臆地表达了自己的悲凉心态。洛阳城北的北邙山，历来是丛葬之地，诗中的"郭北墓"，正指邙山墓群。主人公驱车出了上东门，遥望城北，看见邙山墓地的树木，禁不住悲伤起来，便用"白扬何萧萧，松柏夹广路"两句写所见，抒所感。主人公停车于上东门外，距北邙墓地还有一段距离，怎能听见墓上白杨的萧萧声？然而杨叶之所以萧萧作响，其实是长风摇荡的结果；而风撼杨枝、万叶翻动的情景，却是可以远远望见的。望其形，可以想其声，形成通感，便将视觉形象与听觉形象合二为一。

▲ "汉冲帝陵"石碑，汉冲帝刘炳宪陵，河南洛阳邙山陵墓群

　　主人公本来是住在洛阳城里的，却偏偏要出城，又偏偏出上东门，一出城门便"遥望郭北墓"，足可见得他早就从消极方面思考生命的归宿问题了。因而当他望见白杨与松柏，首先是移情入景，接着又触景生情。试想，如果没有诗中对森林和树木的描写，只有无休止的诉说，这首诗将会是多么的乏味啊！而这正是森林和树木在古代诗歌中的作用吧！

　　大家听说过建安七子吗？他们生活在东汉末期，在他们的诗作中经常触及森林。下面让我们读一首刘桢的五言诗吧！

　　亭亭山上松，瑟瑟谷中风。

　　风声一何盛，松枝一何劲。

　　冰霜正惨凄，终岁常端正。

　　岂不罹凝寒，松柏有本性。

　　这是作者《赠从弟》三首之中的第二首。在这首诗中，诗人不是孤立地咏物写松，而是把松柏放在恶劣的环境中来刻画，突出了它与作为对立面的狂风、冰雹的搏斗，使松柏的形象以胜利者的姿态傲然挺立在高山之巅，显示出一种激励人心和斗志的崇高美、悲壮美。表面上看是写松树，实际上这是作者人格的写照。诗人告诉我们，必须像松柏那样永远保持坚贞自强的个性，才不愧为一个顶天立地的人，"风声一何盛，松枝一何劲。"诗中最震撼人心的莫过于"岂不罹凝寒，松柏有本性"这句。中国古代的士大夫对松、梅、竹、菊等植物有着特殊的喜好。在这里，刘桢以松柏为喻，勉励他的堂弟坚贞自守，不因外力压迫而改变本性，号召人们处于乱世的时候要有一种坚定的人格追求。

无论杨柳的轻柔，还是松柏的傲气，在古代诗词之中都扮演了及其重要的角色，从以上这些诗词当中，我们可以清楚地看出森林在古代诗词中的作用。

南北朝诗词中的森林

南北朝时期是中国古代诗歌重要的发展期，森林及树木更是在这一时期的诗歌中经常出现。下面让我们来欣赏一下王籍《入若耶溪》吧！

艅艎何泛泛，空水共悠悠。

阴霞生远岫，阳景逐回流。

蝉噪林逾静，鸟鸣山更幽。

此地动归念，长年悲倦游。

这首诗是王籍游历若耶溪时创作的。这首诗使我们感受到若耶溪的深幽清净，达到了"动中让静意"的美学效果。开头两句写诗人乘小船入溪游玩，用"何"字写出满怀的喜悦之情，用"悠悠"写出"空水"寥远之态，极有情致。三四句写眺望远山时所见到的景色，诗人用"生"字写云霞，赋予其动态，用"逐"字写阳光，仿佛阳光有意地追逐着清澈曲折的溪流。把无生命的云霞、阳光写得有知有情，诗意盎然。五六句"蝉噪林逾静，鸟鸣山更幽"是千古传唱的名句。蝉噪阵阵，林间愈见寂静；鸟鸣声声，山中更觉幽深。动与静在生活中是相对立的，但在艺术作品中有时却是相辅相成的。这里是远离尘世、人迹罕至的地方，对厌烦了尘世纷扰的人来说，显然有着无比的幽静。但是，山林如果真的沉寂无声，那只会使人觉得死气沉沉。而这两句写山林之幽静，却不失大自然生动活泼的情趣。因此，这两句在当时就成为传诵一时的名句。

唐代诗词中的森林

　　唐代是中国诗歌发展的高峰，不仅涌现出了如群星般灿烂的诗人，而且为后人留下了数不尽、用不完的艺术珍宝。借物咏人，以物喻人，这是唐代诗人常用的手法，而森林则为他们抒发情怀提供了广阔的空间。下面让我们来欣赏贺知章的《咏柳》吧！

　　碧玉妆成一树高，万条垂下绿丝绦。

　　不知细叶谁裁出，二月春风似剪刀。

　　这可谓一首妇孺皆知的名作。作者用简洁而奇妙的语言抒发了对垂柳的赞美和热爱。一年一度，它长出了嫩绿的新叶，丝丝下垂，在春风吹拂中，有着一种迷人的意态。古典诗词中，借用这种形象美来形容、比拟美人苗条的身段，婀娜的纤腰，也是我们所经常看到的。然而，这诗却别出心裁，"碧玉妆成一树高"，刚开始就把杨柳化为美人而出现；"万条垂下绿丝绦"，这千条万缕的垂丝，也随之而变成了她的裙带。上句的"高"字衬托出美人亭亭玉立的风姿，下句的"垂"字暗示出纤腰在风中飘摆。诗中没有"杨柳"和"纤腰"字样，然而这早春的垂柳以及柳树化身的美人，却给写活了。最后，那看起

▼迎客松，安徽黄山

来无形的不可捉摸的"春风",也被用"似剪刀"形象化地描绘了出来。这"剪刀"裁出嫩绿鲜红的花花草草,给大地换上了新妆,它正是自然活力的象征,是春给予人们美的启示。从"碧玉妆成"到"剪刀",我们可以看出诗人艺术构思的一系列过程,诗歌里所出现的一连串的形象,是一环紧扣一环的。

也许有人会有疑问:我国古代有不少著名的美少女,为什么偏偏要用碧玉来比拟呢?在这其中有两层意思:一是碧玉这名字和柳的颜色有关,"碧"和下句的"绿"是互为相连、互为补充的;二是碧玉这个人在人们头脑中永远留有年轻的印象。用碧玉来比柳,人们就会想象到这美人还未到丰满鼎盛的年华。"碧玉妆成一树高,万条垂下绿丝绦",深深地抓住了垂柳的特征,在诗人的眼中,它似美女的化身。高高的树干,就像她亭亭玉立的风姿,下垂的柳条,就像她裙摆上的丝带。在这里,柳就是人,人就是柳,两者之间仿佛没有什么截然的分别。然而,更妙的是下面两句"不知细叶谁裁出,二月春风似剪刀。"在贺知章之前,有谁想过春风像剪刀?把乍暖还寒的二月春风由无形化为有形,它显示了春风的神奇灵巧,并使《咏柳》成为咏物诗的典范之作,柳在本诗中起到了举足轻重的作用。

看完了柳,下面让我们来看看松。说到松,我们不能不提起诗仙李白。在李白众多的著作中,经常描写到森林和树木,而松树则是其永恒的最爱。

南轩有孤松,柯叶自绵幂。

清风无闲时,潇洒终日夕。

阴生古苔绿,色染秋烟碧。

何当凌云霄,直上数千尺。

这首诗《南轩松》为我们塑造了松树郁郁苍苍、古朴高洁的形象。诗一开头,就说这是一棵"孤松",突出了它的不同凡俗。接着写松树枝叶繁茂,生机勃勃,四季常青。"清风无闲时,潇洒终日夕",风吹劲松,更觉松树苍劲。五六两句,再对松树生长的环境进行描写,来烘托松树高大苍翠。"阴生古苔绿",是说由于松树高大,在它的阴处长出了碧绿的古苔,足可见这棵松树的年岁之长。半空中松树茂密的枝叶,一片浓密翠绿,而地上的古苔也呈现出一片绿色,上下辉映,似乎将周围的空气都要染绿了似的。"色染秋烟碧",形象地描绘了这一迷人景象。其中一个"染"字用得极妙,将景物都着上了迷人的色彩。

▲柳树

最后两句夸张的口吻极高。

在唐代，竹在众多诗人心中占据着很多的分量，往往是寄寓其人格和操守，因而竹也是唐诗中常见的主角。在所有写竹的诗中，最著名的要数王维的《竹里馆》了。

独坐幽篁里，弹琴复长啸。

深林人不知，明月来相照。

这是一首写隐者的闲适生活情趣的诗，然而它的妙处也就在于以自然平淡的笔调，描绘出清新诱人的月夜幽林的意境，融情景为一体，蕴含着一种特殊的美的艺术魅力，使其成为千古佳品。前两句写诗人独自一人坐在幽深茂密的竹林之中，一边弹着琴弦，一边又发出长长的啸声。其实，不论"弹琴"还是"长啸"，都体现出诗人的高雅闲淡、超拔脱俗的气质，而这却是不容易引起别人共鸣的。所以后两句说："深林人不知，明月来相照。"意思是说，自己僻居深林之中，也并不为此感到孤独，因为那一轮皎洁的月亮还在时时照耀自己。这里使用了拟人化的手法，把倾洒着银辉的一轮明月当成心心相印的知己朋友，显示出诗人新颖而独特的想象力。全诗的格调幽静闲远，仿佛诗人的心境与自然的景致全部融为一体了。

诗中既无描写，又无抒情，整篇平平淡淡。但其妙处却在于四句诗结合起来，却妙谛自成，境界自出，蕴含着一种特殊的艺术魅力，共同构成一种境界：一个清幽绝俗的境界！月夜幽林之中空明澄静，坐于其间弹琴长啸，怡然自得，尘念皆空，心灵澄静的诗人与清幽澄静的竹林明月幽然相会。我想，这就是竹林风韵之妙吧！如果没有竹林，中国古代的文人将是多么的孤单啊！

宋代诗词中的森林

宋代是中国古代文学最为发达的朝代之一，无论是诗词，还是文章，都取得了后人难以企及的成就。在众多诗歌中，杨柳是其中永恒的主题。下面我们就透过杨柳来一览宋代诗词中的森林吧！

首先展示给大家的是苏轼的《洞仙歌·江南腊尽》：

江南腊尽，早梅花开后，分付新春与垂柳。

细腰肢、自有入格风流；仍更是、骨体清英雅秀。

永丰坊那畔，尽日无人，谁见金丝弄晴昼？

断肠是飞絮时，绿叶成阴，无箇事、一成消瘦。

又莫是东风逐君来，便吹散眉间，一点春皱。

这首词通篇咏柳，借柳喻人，以含蓄婉曲的手法和饱含感情的笔调，借娜娜多姿、落寞失时的垂柳，流露了作者对姿丽命蹇、才高数奇的女性的深切同情与赞美。全章用象征法写柳，词人笔下那婀娜多姿、落寞失意的垂柳，宛然是骨相清雅、姿丽命蹇的佳人。词中句句写垂柳，却句句是写佳人。读罢全词，一位品格清淑而命运多舛的少女形象栩栩如生地呈现在读者面前。苏轼的咏物词，大多借物喻人、咏怀，把人的品格、身世和情感寄托于所咏之物上，物中有人，亦物亦人。这首词突出地体现了上述特点，给读者以无尽的遐思和美好的回味。对此，我们不能不感到由衷的叹服。

▲苏轼雕像，四川省眉山三苏祠

下面我们再看看曾巩的七言绝句《咏柳》：

乱条犹未变初黄，倚得东风势便狂。

解把飞花蒙日月，不知天地有清霜。

这首诗把柳絮飞花的景色写得十分生动。柳絮在东风相助之下，狂飘乱舞，铺天盖地，似乎整个世界都是它的了。"未变初黄"则准确地点出了早春季节，此时柳树枝上刚吐新芽，正是"且莫深育只浅黄"的新柳。第一二句写凌乱柳枝凭借东风狂飘乱舞，第四句以"不知"一词，对柳树的愚蛮可笑加以嘲讽。诗中把柳树人格化的写法，以及诗人对柳树的明显的贬抑与嘲讽，使这首诗不是纯粹地吟咏大自然中的柳树，而是咏柳而讽世。此诗将状物与哲理交融，含义深长，令人深思。

● 知识链接 ⌄

苏轼（1037—1101年），字子瞻，号东坡居士，北宋文学家、书画家。

▤ 现代诗词中的森林

其实，不仅古人对森林情有独钟，就是对当代诗人来说，森林也是不可或缺的。我们甚至可以这样说，没有了森林，就没有中国诗歌的辉煌灿烂。现当代诗歌中关于森林的意象很多，下面让我们以陈毅元帅的《青松》为例，细细体味森林的魅力吧！

大雪压青松，青松挺且直。

要知松高洁，待到雪化时。

在这首诗中，作者借物咏怀，表面写松，其实写人。写人坚忍不拔、宁折不弯的刚直与豪迈，写那个特定时代不畏艰难、雄气勃发、愈挫弥坚的精神。作者写松是把它放在一个严酷的环境中，一个近乎剑拔弩张的气氛中，我们看到了雪的暴虐，感受到松的抗争。我们似乎像松一样承受压迫，又像松一样挺直起来。那冷峻峭拔的松的形象，因为充溢其中的豪气激荡其中的力量而挺直起来。在压与挺的抗争中，我们似乎同时经历了一场灵魂的涤荡，因为在这种抗争中，展现了那个时代飞扬凌厉的热情，展现了作者那令人起敬的人格力量。

读这首诗，总让人想起陈毅元帅的形象，想起那刚毅的面孔，勃发的神采，光明磊落的胸襟，刚直不阿、任何时候也不肯向恶势力低头的人格。真是文若其人啊！如果说"问苍茫大地，谁主沉浮"的诗句充溢着一种帝王之气，那么"大雪压青松，青松挺且直"也只有刚傲沉毅、满怀将帅气度的陈毅能够写出来！

▲天山冬雪中的松树，新疆伊犁哈萨克

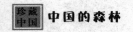

淋漓丹青——国画中的森林

国画概况

● 知识链接 ✓

　　国画，即中国画，在古代没有确定的名称，一般称之为丹青，主要指的是画在绢、宣纸、帛上并加以装裱的卷轴画，是东方艺术的主要形式。近现代以来为区别于西方的油画等外国绘画就称之为中国画或国画。

　　我们常说，文如其人、字如其人，其实画更如其人。无论在内容上，还是创作手法上，国画反映了中华民族的民族意识和审美情趣，体现了古代人对自然、社会及其与之相关联的政治、哲学、宗教、道德、文艺等方面的认识和感受。国画以其鲜明的民族形式语言为特征，画面中的形象虽然来自生活现实，但是又和生活中的真实形象有着本质的区别。在似与不似之间有着画家更大的活动空间，但是这个空间是有自己的底线的，那就是他和真实的生活形象有着割不断的联系，不会脱离生活的真实而失去控制。即便是最为狂放的水墨大写意，也不会失去物象的基本特征而发生指认性错误。

国画对森林的描绘举例

　　以竹入画，始自唐代，五代时用墨染，北宋开始流行墨竹。宋·李昉在《文苑英华》中说：竹"劲本竖节不受霜，刚也；绿叶凄凄翠荫浮浮，柔也；虚心而直无所隐蔽，忠也；不孤根以挺拔，必相依以擢秀，义也"。这"刚、柔、忠、义"四种品德，正是历代中国文人所看重的修养与情操。以墨写竹，摒去了其他色彩，纯以黑白示人，更是清雅飘逸。北宋之后，墨竹在画坛上大行其道。

下面就让我们欣赏一下文同和冯起震的《墨竹图》吧！

　　文同，字与可，自号石室先生，又号笑笑先生，北宋著名画家，据载他"操韵高洁，能诗文，擅书画，尤长于画竹"，被后人称为"文湖州"。总揽全图，可见图中竹竿曲屈而劲挺，似竹生于悬崖而挣扎向上的动态，竹叶笔笔有生意，逆顺往来，挥洒自如，有聚有散，疏密有致。一般来说，画家往往倾向于画直竹，而文同却反其道而行之，偏爱画纤竹，这或许因为变形而又顽强向上的竹子更能引起他的共鸣吧！这幅《墨竹图》在墨色的处理上更富有创造性，以浓墨写竹叶的正面，以淡墨表现竹叶的背面，使全图更觉墨彩缤纷和有丰富的层次。综观全图，竿、节、枝、叶，笔笔相

▲《墨竹图》，轴，绢本，水墨，纵131.6厘米×横10.4厘米，北宋文同绘，中国北京故宫博物院藏。

呼应，一气呵成，充分体现了文同非凡的笔墨功力和对竹的深刻的理解。

　　画竹必须先爱竹，爱竹必先由观竹而起，观竹则必须亲自养竹，文同即是这样的。据说他在洋州时曾在居处遍植竹林，经常以竹为伍，细心观察竹的不同形态，观察竹在晴晦阴雪等不同气候条件下的变化，做到"胸有成竹"。宋代著名书法家黄庭坚也认为"有成竹于胸中，则笔墨与物俱化"，只有通过观竹、爱竹，对竹的充分理解，执笔时才能不期而然地将胸中之竹纳入毫端，这正是文同墨竹出神入化的原因。

　　同样是画墨竹，明代的冯起震则采取而来完全不同的布局手法。画中别无他物，只置绿竹一丛，顶天立地，上下均不留空间，只在左右两侧留白，其中有老竹二竿，一棵小竹依傍其左，另两竿小竹立其右。小竹枝、竿、叶均以浓墨画出，将青春勃发的幼竹秀颀、挺拔之态淋漓洒脱地表现出来。作

▲明代冯起震墨竹图轴，山东博物馆藏

者在写竹叶时，无论老竹幼竹，都用墨的浓淡的层次表达不同来区分出其阴阳向背以及叶梢的枯萎卷折，自然逼真，形神具备。

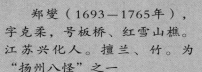

知识链接 ✓

郑燮（1693—1765年），字克柔，号板桥、红雪山樵。江苏兴化人。擅兰、竹。为"扬州八怪"之一

在中国绘画史上，清代的郑板桥是无法逾越的人物。郑板桥以画竹出名，给后人留下了众多竹画。我们先来看看这幅《竹石图》吧！这幅《竹石图》作于康熙年间，只见画中竹子艰瘦挺拔，节节屹立而上，直冲云霄，它的叶子，片片都有不同的表情，墨色水灵，浓淡有致，逼真地表现出竹子的质感。在图景布置上，板桥将竹和石的位置关系与题诗文字处理得非常协调，竹子的纤细的美更衬托了石的另一番风情，这种丛生植物成为板桥理想的幻影。郑板桥的竹子享誉神州，就连"扬州八怪"之首金农都感叹说，自己画的竹子始终不如板桥有林下风度啊。

此外，《墨竹图轴》也是郑板桥的代表作之一。郑板桥曾任山东范县、潍县县令，任职期间正赶上山东大饥荒，他擅自开仓赈济百姓，因此得罪了上司，愤然辞官。回乡后，居住在扬州，以卖画为生。这幅画描绘的是几株瘦弱的竹子，但看起来坚韧挺拔，生动多姿，

▲ 竹石图（局部），清代郑燮绘。山东省博物馆藏

浓淡相宜，别有一番情趣。在墨竹的左侧，郑板桥有这样的题词：新霜昨夜满沙洲，竹叶青青色更道。贯彻四时浑一气，不知天地有清秋。作为"四君子"之一的竹子，在文人的画中往往象征坚贞不屈、高风亮节的美德和表现与世无争的品格。郑板桥的一生不得志，道路特别的坎坷，经历了卖画——为吏——再卖画的曲折生涯。他同情人民的疾苦，为官刚正不阿；性格孤傲倔强，不落世俗，即使到了一贫如洗，高洁的美德仍然不失。他一生喜欢种竹、画竹，是与他的这种思想品性分不开的。

《云横秀岭图》是元初画家高克恭的传世佳作。画中一山高耸，群峰映衬，山腰白云缭绕，山坡有小桥流水，烟树苍郁。画的近处是河分两岸，坡石树木，水边多卵石，林木茂密，右岸有数间屋舍，左岸有一茅亭隐约可见。

《云横秀岭图》在技法上达到了炉火纯青的地步。其中最让人称道的是，大山的底部有团团白云仿佛慢慢地蒸腾着，似乎给大山蒙上了神秘的面纱。这种表现手法既避免了因山体整合给观者的视觉冲击造成拥塞错觉的效果，又营造了自然景象的虚幻飘渺，增加了画面的纵深感。而天空、坡石和河水都用淡墨渲染，更加映衬出白云之流荡。画上有李成的题识："此轴树老石苍，明丽洒落，古所谓有笔有墨者，使人心降气下，绝无可议者。"

吴子深的《林阴日夕佳》是一幅人物山水画，画中的人物线条简练流畅，

▲吴昌硕（1844-1927年），中国近代金石、书、画、篆刻大师

▲黄宾虹

敷色淡雅，尽显古人风流意表；而山峦用披麻大笔皴出，四面峻厚，结构天成，流露着被自然风吹雨打的痕迹。山顶置以矾石，尽显南派山水遗韵，这与画家从小生活在南方，多年亲身感悟南方景致有极大的关系。如果只有这些内容，这幅画的价值将会大打折扣。不知你是否注意到画中的几株松树，几丛翠竹以及山谷间云烟弥漫飘荡，这些使得深山幽谷之中充满一片活力。

《山间秋色图轴》出自明代著名画家赵左之手，他是明代松江派的主要画家之一，善用干笔焦墨，长于烘染。此图描绘的是秋天的山川美景，远处山峦层叠，云岚浮动，山中一间小舍，似有高人隐居士避其间。中间为一小河，还有木桥。画下部红树之下有茅舍数间，其主人正端坐在屋中，不知他是否在倾听秋天的寂静之音。近处山石巍然屹立，树木或枝繁叶茂或高大挺直，笔法洒脱多变，墨气淋漓蕴藉。

说起近现代时期的国画，我们不能不提到吴昌硕和黄宾虹。首先，我们来看一看吴昌硕。他是清晚期海派最有影响力的画家之一，在书法、绘画、篆刻等方面表现出色，其作品备受追捧。《苍松图》就是他晚年的代表作之一。画中别无他物，只有两棵松树，并列直干，冲出画面，相互映衬。作者在画松树主干时一笔直下，不作屈曲，然后在主干上画出枝干，在画松针时用浓墨深墨，再以干笔画出鳞片，使主干显出苍老斑剥，再加深墨点苔，枝叶错落，有聚有散，更显勃劲古朴，苍劲雄浑，形似狂怪，像是怒龙伏虎一般。吴昌硕在一幅巨松树上曰：笔端飒飒生清风，解衣盘礴吾画松。是时春暖冰初解，砚池墨水腾蛟龙。

黄宾虹是我国近现代杰出的画家，在 90 岁寿辰的时候，被国家授予"中国人民优秀的画家"荣誉称号。黄宾虹的作品以 60 岁为界，有白、黑两种面貌：在 60 岁以前属于典型的"白宾虹"，60 岁以后则是"黑宾虹"。《万松烟霭》正是他晚年的"黑宾虹"作品。细细的观赏这幅画，山径曲折，云气清逸，远峰幽淡，密黑中稍多透气之处。画中山石的具体形态已经完全融入画家所追求的浑厚华润的墨色之中，笔法的多变、墨色的亮度形成了画面的独特风格。此画题识也说："黄山平天矼望西海门，深谷中万松烟霭，如入夜山。"

与传统的国画相比，《绿色长城》是让大家有耳目一新的感觉。其实，这幅《绿色长城》是山水画创新的代表作品，不仅表现的笔墨清新、内容新颖，而且其取材也是前无古人、后无来者的，在 20 世纪 70 年代中国画坛颇具影响力。画中的一排排防护林正经历狂风的袭击，犹如一道绿色长城，保护着农田和房屋，防止水土流失。一般来说，树林的重复排列容易单调乏味，为了解决这个问题，画家平中求奇，力避雷同，加强了背景的表现特色，把枝干、树叶进行了不同的处理，使得画面显得宽阔深远。目前，这幅《绿色长城》仍悬挂在人民大会堂广州厅，供中外人士观赏。

知识链接 ✓

黄宾虹（1865-1955年），名质，字朴存。祖籍安徽歙县，生于浙江金华。中国现代艺术大师和美术教育家。历任国立艺专、中央美院华东分院教授，中央美院民族美术研究所所长，华东美术家协会副主席。华东行政委员会在他90寿辰时颁发荣誉奖，誉为"中国人民优秀的画家"。他的山水画以浑厚的笔墨层次，表达他对山水自然丰富的视觉映象和内心感受，并达到蕴含力量而不粗疏、高雅文气而不纤柔的境地，具有浑厚华滋的个人特色。他对绘画创作有明确的理论指导，著述颇丰

山林雅趣——文人墨客隐居山林

森林，不仅是文人雅客寄寓情怀、抒发胸臆的载体，更是他们的归宿。自古以来，历朝历代都有归隐山林者，他们或是振衣而归的高士情怀，或是陶醉其中的怡然自得，或是看破红尘的世外之人。当一切名利都成为过眼云烟，山林就成了他们心灵的归宿。

陶渊明隐居山林

对于中国人来说，陶渊明是再熟悉不过的了。陶渊明，名潜，字元亮，生活在东晋时期。陶渊明少年时胸怀大志，曾经有过十三年的仕宦生活。这十三年是他为实现"大济苍生"的理想抱负而不断尝试、不断失望、终至绝望的十三年。最终，他辞去了县令之职，义无反顾地归隐到山林之中。他的名作《归去来兮辞》就是描写这一段过程的。陶渊明有"千古隐逸诗人"之称，他虽没有以"招隐"为题的诗篇，但他的诗却达到了"隐逸诗"的巅峰。

在《归园田居》《饮酒》等诗中，诗人对自己归隐后的生活作了形象的描写，"白日掩柴扉，对酒绝尘想。时复墟里人，披草共往来。相见无杂言，但道桑麻长。""方宅十余亩，草屋八九间。""暧暧远人村，依依墟里烟。狗吠深巷中，鸡鸣桑树颠。""结庐在人境，而无车马喧。问君何能尔，心远地自偏。采菊东篱下，悠然见南山。"这些别人都瞧不上眼的乡村、平凡的事物、乡间生活，在诗人笔下却是那样的优美、宁静，显得格外亲切。归隐后的陶渊明还亲自

▲钱达，南宋景定年（1260—1264年）乡贡进士。擅画山水、人物、花鸟

知识链接 ✓

　　《归去来兮图》，元代，钱选绘，卷画，纸本设色，纵26厘米，横106.6厘米，美国大都会博物馆藏。此图根据陶渊明《归去来兮辞》诗意而作，描绘陶渊明乘舟归来，家人出门相迎的情景。

　　钱选（约1235—约1307年），字舜举，号玉潭、雪川翁等，吴兴（浙江湖州）人。

气息。我们可以看出，在这种闲适的田园生活中，诗人心情自然而宁静，达到了心灵发展的真正和谐的境地，这才是真正的归隐。

　　陶渊明辞官归里之后，过着"躬耕自资"的生活。归田之初，生活尚可以应付，正如他在《归田园居》中所描写的那样："方宅十余亩，草屋八九间，榆柳荫后檐，桃李罗堂前。"陶渊明生性嗜酒，而且每饮必醉，为此他创作了一系列的《饮酒》诗。他的晚年，生活愈来愈贫困，因此许多朋友都主动送钱周济他，有时他也不免上门请求借贷。他的老朋友颜延之出任安郡太守，经过浔阳，每天都到陶渊明家中饮

▲东晋名士陶渊明像

知识链接 ✓

　　陶渊明（365—427年），一名潜，字元亮，世号靖节先生。浔阳柴桑（今九江西南）人。中国古代杰出的文学家。作者，王仲玉，生卒年不详，洪武中(1368—1398年)以能画召至京师。

酒。临走时，留下两万钱，陶渊明看都没有看，就全部拿去买酒了。他辞官回乡二十二年一直过着贫困的田园生活，而固穷守节的志趣，老而益坚。元嘉四年（公元 427 年），陶渊明为自己写了一组《拟挽歌辞》，"死去何所道，托体同山阿"，由此可见陶渊明对山林的眷恋和向往。

在中国文学史上，陶渊明被称为"隐逸诗人之宗"。他首创了田园诗体，为我国古典诗歌开辟了一条崭新的道路。从古至今，陶渊明固守寒庐、寄意田园的情操，冲淡渺远、恬静自然的秉性，以及无与伦比的艺术成就都为后来人所推崇。

孟浩然隐居山林

春眠不觉晓，处处闻啼鸟。
夜来风雨声，花落知多少。

▲孟浩然（689-740年）盛唐诗人。襄阳人。山水田园派诗人

下面出场的将是这首诗的作者——孟浩然。孟浩然出生于武后永昌元年（公元 689 年），是唐代一位不甘隐居，却以隐居终老的诗人。孟浩然生在盛唐，早年有用世之志，但政治上困顿失意，以隐士终身。隐居本是那时代普遍的倾向，但在旁人仅仅是一个期望，至多也只是点暂时的调剂，或过期的赔偿，在孟浩然却是一个完完整整的事实。

他的诗得到了很高的评价，名声一时传遍京师，可惜在仕途方面却阻碍重重，始终得不到朝廷重视，孟浩然受到莫大的打击，只得失意地回到鹿门山，悠游山水间。他是个洁身自好的人，不乐于趋承逢迎，他耿直不随的性格和清白高尚的情操，为同时和后世所倾慕。李白称赞他"红颜弃轩冕，白首卧松云"，"高山安可仰，徒此揖清芬"（《赠孟浩然》）。王士源在《孟浩然集序》里，说他"骨貌淑清，风神散朗；救患释纷，以立义表；灌蔬艺竹，以全高尚"。王维曾画他的像于郢州亭子里，题曰"浩然亭"。后人因尊崇他，不愿直呼其名，改作"孟亭"，成为当地的名胜古迹。

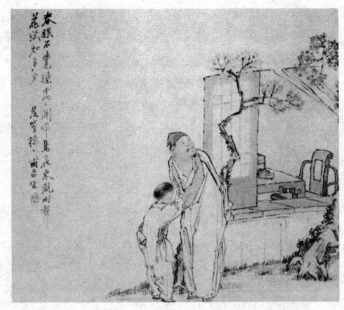

▲孟浩然《春晓》诗意图，清钱慧安绘。孟浩然（689—740年），本名浩，字浩然，襄州襄阳（今湖北襄樊）人，唐代诗人

陶宗仪隐居山林

其实，从古至今的隐士数不胜数，下面我们看到的就是一位典型的代表。陶宗仪，字九成，号南村，生活在元末明初之际。相传，他是东晋陶渊明的后代。据说，少年时的陶宗仪便十分聪颖，熟读四书五经。长大之后，又得到了名儒杜本、张翥、李孝光指点，学问大有长进。当他首次参加科举考试之时，亲友师长都认为功名唾手可得，前程不可估量。然而考试的结果却是名落孙山，这不但出乎大家的意料，更给了陶宗仪沉重的打击。从此他不求仕途，专心读书，各类古书无所不窥，天文、地理、阴阳学术无所不学，成了一位学问丰富，但与一般文人截然不同的大"杂家"。

陶宗仪的归隐生活要从元至正八年（1348年）算起。当时，战火频繁，天下动荡，为了躲避战火，陶宗仪携全家避乱到泗泾，在此买地结庐，名曰"南村草堂"。从此,他隐居于此,一边躬耕陇亩,一边教授学生,过着清贫的生活。陶宗仪的好友邵亨贞在《草堂记略》中对南村草堂和陶宗仪的生活作了生动的描绘:草堂"左右列琴瑟书册,前后多桑麻竹树","绕屋种菊数十百本","四顾皆平畴,远水出户则可览观江山之胜。四时有耕钓蚕收之营,晨夕有读书谈道之乐"。陶宗仪常常是"幅巾短褐",独自放歌田园,不以劳作为苦,反以农耕为乐。"时时辍耕,休于树荫,抱膝而叹,鼓腹而歌"。劳作之余,每遇佳节良辰,举杯独酌,吟唱自己所作的诗,得意之时,拍掌大笑。

知识链接 ✓

杜琼(1396—1474),字用嘉,号东原耕者,吴(今江苏苏州)人。工山水,取法王蒙。南村别墅系其师陶宗仪的居处。

▲南村别墅图册(之一),明正统八年(1443年),杜琼绘。上海博物馆古代绘画藏品。

梁柱斗拱——古代建筑与森林

　　人类的生活和生产与建筑密切相关，我们每天都与建筑打着交道，可是你对建筑了解多少呢？下面就让我们一起走进建筑艺术的殿堂吧！

　　不知道你有没有注意到几乎所有的建筑，特别是古代的建筑，都离不开

▲北京故宫保和殿

木材，中国古代建筑更是如此。其实，木材是中国古代建筑的主要材料。我们可以毫不夸张地说，如果没有森林、没有木材，中国灿烂辉煌的建筑艺术成就会逊色很多。

中国建筑艺术

▲山西应县木塔

建筑是时代的一面镜子，它以独特的艺术语言熔铸、反映出一个时代、一个民族的审美追求。建筑艺术在其发展过程中，不断显示出人类所创造的物质精神文明，以其触目的巨大形象，具有四维空间和时代的流动性,讲究空间组合的节律感等,而被誉为"凝固的音乐"、"立体的画"、"无形的诗"和"石头写成的史书"。

中国古代建筑以木材、砖瓦为主要建筑材料,以木构架结构为主要的结构方式。这种构造方式具有中国的特色,由立柱、横梁、椽檩等主要构件建造而成,各个构件之间的结点以榫卯相吻合,构成富有弹性的框架。中国古代木构架有抬梁、穿斗、井干三种不同的结构方式。抬梁式是在立柱上架梁,梁上又抬梁,所以称为"抬梁式"。宫殿、坛庙、寺院等大型建筑物中常采用这种结构方式。穿斗式是用穿枋把一排排的柱子穿连起来成为排架,然后用枋、檩斗接而成,故称作穿斗式。多用于民居和较小的建筑物。井干式是用木材交叉堆叠而成的,因其所围成的空间似井而得名。这种结构比较原始简单,现在除少数森林地区外已很少使用。

与其他构架相比,木构架结构有很多优点。

首先,承重与围护结构分工明确,屋顶重量由木构架来承担,外墙起遮挡阳光、隔热防寒的作用,内墙起分割室内空间的作用。由于墙壁不承重,这种结构赋予建筑物以极大的灵活性。

其次,有利于防震、抗震,木构架结构很类似今天的框架结构,由于木材具有的特性,而构架的结构所用斗拱和榫卯又都有若干伸缩余地,因此在一定限度内可减少由地震对这种构架所引起的危害。"墙倒屋不塌"形象地表达了这种结构的特点。

中国古代建筑的特色

中国的建筑显现自己的浓郁的民族风格,在世界建筑史上占有重要的地位。除了上面所说的木构架结构以外,中国的古代建筑还具有以下特色。

◆布局简明

中国古代建筑平面布局十分简明,往往以"间"为单位构成单座建筑,再以单座建筑组成庭院,进而以庭院为单元,组成各种形式的组群。就单体建筑而言,以长方形平面最为普遍。此外,还有圆形、正方形、十字形等几何形状平面。就整体而言,重要建筑大都采用均衡对称的方式,以庭院为单

▲清末，北京颐和园长廊，上悬慈禧太后手书的"夕云凝紫"匾额

元，沿着纵轴线与横轴线进行设计，借助于建筑群体的有机组合和烘托，使主体建筑显得格外宏伟壮丽。民居及风景园林则采用了"因天时，就地利"的灵活布局方式。

◆造型优美

中国古代建筑造型优美，这以屋顶造型最为突出。常见的屋顶主要有庑殿、歇山、悬山、硬山、攒尖、卷棚等形式。庑殿顶也好，歇山顶也好，都是大屋顶，显得稳重协调。屋顶中直线和曲线巧妙地组合，形成向上微翘的飞檐，不但扩大了采光面、有利于排泄雨水，而且增添了建筑物飞动轻快的美感。

◆装饰丰富

中国古代建筑上的装饰包括彩绘和雕饰。彩绘具有装饰、标志、保护、象征等多方面的作用，而且具有不可忽视的使用价值，不仅可以防潮、防风化剥蚀，而且还可以防虫蚁。需要注意的是，在封建社会时期，色彩的使用是有限制的，朱、黄为至尊至贵之色，只有皇帝才能使用。彩画多出现于内外檐的梁枋、斗拱及室内天花、藻井和柱头上，构图与构件形状密切结合，绘制精巧，色彩丰富。明清的梁枋彩画最为瞩目。

雕饰是中国古建筑艺术的重要组成部分，包括墙壁上的砖雕、台基石栏杆上的石雕、金银铜铁等建筑饰物。雕饰的题材内容十分丰富，有动植物花纹、人物形象、戏剧场面及历史传说故事等。

◆ 注意跟周围自然环境的协调

古人讲究"天人合一"的境界，这在建筑上得到了淋漓极致的表现。建筑本身就是一个供人们居住、工作、娱乐、社交等活动的环境，因此不仅内部各组成部分要考虑配合与协调，而且要特别注意与周围大自然环境的协调。中国的设计师们在进行设计时都十分注意周围的环境，对周围的山川形势、地理特点、气候条件、林木植被等，都要认真调查研究，务使建筑布局、形式、色调等跟周围的环境相适应，从而构成为一个大的环境空间。

▼网师园竹外一枝轩和射鸭廊，江苏苏州

中国古代木制建筑举例

◆北京故宫

说到中国古代的建筑，每一个中国人都会首先想到故宫。故宫，又名紫禁城，是明清两代的皇宫，也是无与伦比的古代建筑杰作，更是世界现存最大、最完整的木质结构的古建筑群。故宫的设计与建筑，实在是一个无与伦比的杰作，它的平面布局，立体效果，以及形式上的雄伟、堂皇、庄严、和谐，建筑气势雄伟、豪华壮丽，是中国古代建筑艺术的精华。它标志着中国悠久的文化传统，显示着五百多年前匠师们在建筑上的卓越成就。

故宫是明朝永乐年间在元大都宫殿的基础上兴建，历时 14 年。故宫南北长 961 米，东西宽 753 米，面积约为 725 000 平方米，建筑面积 15.5 万平方米。宫城周围环绕着高 12 米，长 3 400 米的宫墙，形式为一长方形城池，墙外有

▼故宫太和殿

52 米宽的护城河环绕，形成一个森严壁垒的城堡。相传故宫一共有 9 999 间半房子，有人做过形象比喻，说一个人从出生就开始住，每一天住一间房，要住到 27 岁才可以出来。

故宫是中国劳动人民智慧和血汗的结晶，在当时社会生产条件下，能建造这样宏伟高大的建筑群，充分反映了中国古代劳动人民的高度智慧和创造才能。为了修建故宫，如所需的木材，在明代时，大多采自四川、广西、广东、云南、贵州等地，无数劳动人民被迫在崇山峻岭中的原始森林里，伐运木材。所用石料多采自北京远郊和距京郊二三百里的山区。每块石料往往重达几吨甚至几十几百吨，如现在保和殿后檐的台阶，有一块云龙雕石重约 250 吨。

下面让我们从故宫的大门说起吧！故宫有四个大门，分别是午门、东华门、西华门和神武门。

午门，俗称五凤楼，是故宫的正门。午门坐北朝南，东西北三面分别有 12 米高的城台相连，形成了一个方形广场。午门的正中是一座 9 间宽的大殿，

▲北京故宫午门

在左右伸出两阙城墙上，两翼各有 13 间的殿屋向南伸出，四隅各有高大的角亭，辅翼着正殿。城楼下有三门，分别是正门、东侧门和西侧门。这种形状的门楼称为"阙门"，是中国古代大门中最高级的形式。正门只有皇帝才可以出入，皇帝大婚时皇后进一次，殿试考中状元、榜眼、探花的三人可以从此门走出一次。文武大臣进出东侧门，宗室王公出入西侧门。午门在明清时期具有特殊的意义，每当宣读皇帝圣旨、颁发年历时，文武百官都要齐集午门前听旨。

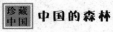

▲北京故宫俯瞰

神武门是故宫的后门，原名"玄武门"，后因为避讳而改为"神武门"。你知道这是为什么吗？原来，玄武是古代四神兽之一，从方位上讲，左青龙，右白虎，前朱雀，后玄武，玄武主北方，所以帝王宫殿的北宫门多取名"玄武"。神武门也是一座城门楼形式，用的最高等级的重檐庑殿式屋顶，但它的大殿只有五开间加围廊，没有左右向前伸展的两翼，所以在形制上要比午门低一个等级。

东华门与西华门遥相对应，门外设有下马碑石，门内金水河南北流向，上架石桥1座，桥北为三座门。东华门与西华门形制相同，平面矩形，红色城台，白玉须弥座，当中辟3座券门，券洞外方内圆。城台上建有城楼，黄琉璃瓦重檐庑殿顶，城楼面阔5间，进深3间，四周出廊。皇帝死后其灵柩就从东华门运出，故俗称"鬼门"。

值得一提的是，在故宫的四个城角分布着四座精巧玲珑的角楼，角楼高27.5米，十字屋脊，三重檐迭出，四面亮山，多角交错，既美观，又具有侦查和防御作用。

进入午门之后，有一个广阔的庭院，曲折的金水河横亘其间，再往里就是外朝宫殿的大门——太和门了。太和门内，在3万多平方米开阔的庭院中，分布着太和殿、中和殿、保和殿，统称三大殿。它们高矮造型不同，屋顶形式也不同，显得丰富多彩而富有变化，不仅是故宫建筑群的核心，也是封建皇权的象征。

太和殿高35.05米，东西63米，南北35米，面积约2 380多平方米，在紫禁城众多宫殿中，其面积最大，规格也最高。顺便说一下，我们平时常说的"金銮殿"指的就是太和殿。太和殿采取庑殿式构造，从东到西有一条长脊，前后各有斜行垂脊两条，这样就构成五脊四坡的屋面。檐角有10个走兽，分别为龙、凤、狮子、天马、海马、狻猊、押鱼、獬豸、斗牛、行什。

大殿中间有一座2米高的台子，上面安放着封建皇权的象征——金漆雕龙宝座，御座前有造型美观的仙鹤、炉、鼎，背后是雕龙屏。在太和殿内部，有72根直径达1米的楠木大柱，其中围绕御座的六根是沥粉金漆的蟠龙柱。太和殿是故宫中最大的木结构建筑，也是中国最大的木构殿宇。太和殿是皇帝举行重大典礼的地方，例如皇帝即位、大婚以及元旦都在这里庆祝。

▼北京故宫太和殿

太和殿后面就是中和殿了，中和殿高 27 米，呈正方形，面阔、进深各为3 间，四面出廊，金砖铺地，建筑面积 580 平方米。中和殿是皇帝去太和殿举行大典前稍事休息和演习礼仪的地方，皇帝在去太和殿之前先在此稍作停留，接受内阁大臣和礼部官员行礼，然后进太和殿举行仪式。另外，皇帝祭祀天地和太庙之前，也要先在这里审阅一下祭文和祝辞。

中和殿之后是保和殿，保和殿高 29 米，平面呈长方形，面阔 9 间，进深 5 间，建筑面积 1 240 平方米。屋顶正中有一条正脊，前后各有 2 条垂脊，在各条垂脊下部再斜出一条岔脊，连同正脊、垂脊、岔脊共 9 条。保和殿是每年除夕皇帝赐宴外藩王公的场所，也是科举考试举行殿试的地方。

故宫的建筑分为前朝和内廷两部分，二者以乾清门为界。前朝是皇帝处理朝政的地方，其建筑形象严肃、庄严、壮丽、雄伟，以象征皇帝的至高无上；后庭则是皇帝及嫔妃生活娱乐的地方，富有生活气息，建筑多是自成院落，

▲故宫中和殿

有花园、书斋、馆榭、山石等。内廷的建筑以乾清宫、交泰殿、坤宁宫为中心，两翼有东六宫和西六宫。

进入乾清门，就来到了乾清宫。乾清宫是内廷的正殿，大殿的正中有宝座，上有"正大光明"匾。在乾清宫的两头有暖阁，是皇帝读书、就寝之地。

▲北京故宫乾清宫内景

在乾清宫的西暖阁上下两侧放置27张床，由皇帝自由选择，据说这样是为了防止刺客行刺。乾清宫周围有东西庑，还有为皇帝存储冠、袍、带、履的端凝殿，放置图书翰墨的懋勤殿。

关于乾清宫的"正大光明"匾还

有不少的历史典故呢！。清雍正以后，这块匾是放置皇位继承人名字的地方。据说雍正为防止皇子之间争夺皇位而互相残杀，采用秘密储位的方法，即生前将皇位继承人的名单写在纸上放在匣子中，一份放在"正大光明"匾额后，一份由皇帝随身携带，待皇帝死后打开匣子当众宣布皇帝继承人。

交泰殿在乾清宫和坤宁宫之间，蕴含"天地交合、安康美满"的意思。明清时期，交泰殿是皇后举办生日寿庆活动的地方。另外，清代的25枚"宝玺"（印章）也曾收藏在这里。

坤宁宫在内廷的最里面。在明代，坤宁宫是皇后寝宫，两头有暖阁。清

▲北京紫禁城乾清宫是故宫内廷的前殿。建成于明永乐十八年（1420年）。殿高20米，面阔9间，殿两侧设有象征政权的"江山金殿"和"社稷金殿"。

▲北京故宫坤宁宫

代改为祭神场所，西暖阁为萨满的祭祀地，而东暖阁则皇帝大婚的洞房，康熙、同治、光绪三帝，都是在这里举行婚礼的。

坤宁宫的后门就是御花园了。御花园原名宫后苑，占地11 000多平方米，这里遍布着高耸的松柏、珍贵的花木、山石和亭阁。园中的建筑以钦安殿为中心，采用主次相辅、左右对称的格局，布局紧凑、古典富丽。堆秀山位于钦安殿的东北，全部太湖石迭砌而成，上面建有万春亭和千秋亭，是目前保存的古亭中最为华丽的。

◆北京故宫谜团

谜团一：谁是故宫的设计者？

故宫这样宏伟的建筑，浩大的工程，由谁负责设计的呢？目前大多数人都认为故宫是明代的蒯祥设计。但事实上，这个说法并不准确。其实，蒯祥

▲北京故宫御花园的假山石

只是故宫的施工主持人，故宫真正的设计人应该是名不见经传的蔡信。明朝永乐15年紫禁城宫殿开始进入大规模施工高潮时，蒯祥才随朱棣从南京来到北京，开始主持宫殿的施工，而在此之前，蔡信已主持故宫和北京城的规

划、设计和建造了。

谜团二：皇帝在哪里上朝？

很多人都认为太和殿是皇帝上朝的主要场所，其实不然。事实上，太和殿是用来举行各种典礼的场所，实际使用次数很少。明清时期，皇帝上朝的地方主要有太和门、乾清门、乾清宫（有大事或重要的事情时皇帝召见大臣所在地）和养心殿，而平时所说的太和殿基本很少使用。

谜团三：故宫为何"龙"多？

在我国封建社会里，皇帝被称做"真龙天子"，紫禁城是明清两朝的皇宫，因此宫中的殿堂、桥梁、丹陛、石雕以及帝后宝玺、服饰御用品等无不以龙作为纹饰。那么，故宫里到底有多少龙？恐怕谁也说不清。有人粗算过，故宫号称有宫殿8 000多间，仅以每殿有6条龙计算，就有龙近4万条，如果加上所有建筑装饰和一切御用品上的龙，那就数不胜数了。

◆北京天坛

看了故宫，下面就让我们来看看天坛吧！

天坛位于故宫正南偏东的城南，始建于明朝永乐十八年（1420年），是中国古代明清两朝历代皇帝祭天之地。1961年，国务院公布天坛为"全国重点文物保护单位"。1998年被联合国教科文组织确认为"世界文化遗产"。2009年，北京天坛入选世界纪录协会中国现存最大的皇帝祭天建筑。

▲北京天坛南面的圜丘坛

知识链接 ✓

　　北京天坛南面的圜丘坛是皇帝冬至日祭天的地方，又称祭天坛。
建于明嘉靖九年，清乾隆十四年扩建。圜丘坛是一座由汉白玉石雕栏
围护的3层石造露天圆台，坛面铺艾叶青石，通高为5米，洁白如玉。
圆台周围砌有两道外方里圆的围墙，以象征着"天圆地方"。圜丘坛
的建筑形式，是对几何学的巧妙运用。古人常用"九"来表示天体的
至高至大，由于是祭天坛，圜丘坛的坛面、台阶、栏杆、栏板，都和
九字有关，取九或九的倍数，即阳数，用以象征天。

　　坛墙分隔成内坛和外坛，形状好像一个"回"字。两重坛墙的南侧转角皆为
直角，北侧转角皆为圆弧形，象征着"天圆地方"。天坛的主要建筑都集中在
内坛，南有圜丘坛和皇穹宇，北有祈年殿和皇干殿，一座长360米、宽28米、
高2.5米的"丹陛桥"连接圜丘坛和祈年殿，构成了内坛的南北轴线。

　　天坛建筑的主要设计思想就是要突出天空的辽阔高远，以表现"天"的

▲北京天坛皇穹宇

至高无上。在布局方面，内坛位于外坛的南北中轴线以东，而圜丘坛和祈年坛又位于内坛中轴线的东面，这些都是为了增加西侧的空旷程度，使人们从西边的正门进入天坛后，就能获得开阔的视野，以感受到上天的伟大和自身的渺小。就单体建筑来说，祈年殿和皇穹宇都使用了圆形攒尖顶，它们外部的台基和屋檐层层收缩上举，也体现出一种与天接近的感觉。下面我们将从南到北沿着中轴线详细介绍天坛的建筑。

圜丘坛是皇帝举行祭天大礼的地方，始建于嘉靖九年（1530年）。圜丘坛有外方内圆两重矮墙，象征着天圆地方。从坛上到坛下共有三层，每层的栏杆头上都刻有云龙纹，在每一栏杆下又向外伸出一石螭头，用于坛面排水。圜丘台的妙处在于可以扩大声音，每当皇帝在这里祭天，即使他的声音很小，可听起来却十分洪亮，就如同上天神谕一般。这是为什么呢？原来，这是古人在建造时别出心裁的设计，由于坛面光滑，声波得以快速地向四面八方传播，碰到周围的石栏，反射回来，与原来的声音汇合在一起，所以声音听起来十分响亮。

皇穹宇位于圜丘坛以北，是供奉圜丘坛祭祀神位的场所。皇穹宇始建于明嘉靖九年（1530年），初名泰神殿，嘉靖十七年（1538年）改称皇穹宇。让人感到妙不可言的是，在皇穹宇台阶下三块"回音石"：在第一块石板上击一掌，可以听到一声回声；在第二块石板上击一掌，可以听到两声回声；站在第三块石板上击一掌，可以听到三声回声。

此外，在正殿及东西庑周围还有一堵圆墙，这就是人们常说的回音壁。回音壁墙高3.72米，厚0.9米，直径61.5米，周长193.2米。围墙光滑整齐，对声波具有很强的传导作用。两个人分别站在东、西配殿后，一个人靠墙向

▼北京故宫神武门

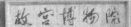

北说话，声波就会沿着墙壁连续折射前进，传到一二百米的另一端，无论说话声音多小，也可以使对方听得清清楚楚，而且声音悠长，十分奇妙，给人造成一种"天人感应"的神秘气氛。

由皇穹宇经过丹陛桥就来到了祈年殿。祈年殿又称祈谷坛，始建于明永乐十八年（1420年），是天坛最早的建筑物。乾隆十六年（1751年）修缮后，改名为祈年殿。祈年殿是皇帝祈求上天的地方，皇帝每年都在这里举行祭天仪式，祈祷风调雨顺、五谷丰登。

从造型上看，它的三层白色台基逐层向上收缩，三层圆形屋顶也逐层向上收缩，使整个大殿稳重而雄伟壮丽。从色彩上看，屋顶蓝色的琉璃瓦、金色的宝顶、红色木柱门窗、白色的台基栏杆，再加上五彩的彩绘图案，给人以非常强烈的视觉感受，绚烂夺目。

祈年殿用28根楠木大柱和36块互相衔接的榜、桷，支撑着三层连体的殿檐。这些大柱有不同的象征意义：中央四柱叫通天柱，代表四季；中层十二根金柱，

▲北京天坛祈年殿内景

————————— 知识链接 ✓

　　北京天坛祈年殿，又称祈谷殿，是明清两代皇帝孟春举行祈谷大典的神殿。天坛始建于明永乐十八年（1420年），总面积273公顷，经明嘉靖、清乾隆等朝增建、改建，建筑宏伟壮丽，环境庄严肃穆，是明清两代皇帝"祭天"、"祈谷"的场所，坛域北呈圆形，南为方形，寓意"天圆地方"。四周环筑坛墙两道，把全坛分为内坛、外坛两部分，主要建筑集中于内坛。坛内主要建筑有祈年殿、皇乾殿、圜丘、皇穹宇、斋宫、无梁殿、长廊等，还有回音壁、三音石、七星石等名胜古迹。天坛集明、清建筑技艺之大成，是中国古代建筑珍品，是世界上最大的祭天建筑群。1998年被联合国教科文组织列入"世界遗产名录"。

▲2009年10月24日，北京天坛祈年殿风光

▼北京天坛海墁大道（丹陛桥）

代表十二个月；外层十二根檐柱，代表十二时辰；中外层相加二十四根代表二十四节气；三层相加二十八根，代表二十八星宿；加柱顶八根童柱，代表三十六天罡；宝顶下雷公柱，代表皇帝一统天下。其附属建筑有皇乾殿、祈年门、神库、神厨、宰牲亭、燔柴炉、瘗坎、具服台、走牲路及72间长廊等。

祈年殿内，天花板处是精致的"九龙藻井"，龙井柱则是描金彩绘。殿内中央有一块平面圆形大理石，石面上的花纹，是自然形成的龙凤花纹，一条行龙抱着一只凤凰，这便是"龙凤石"。关于龙凤石还有一段传说呢！相传，这块石头上原来只有凤纹，而殿顶藻井内只有雕龙，年长日久，龙、凤有了灵感，金龙常常飞下来找凤石上的凤凰寻欢。不料有一天正遇见嘉靖皇帝来祭天，在石上跪拜行礼，金龙来不及飞回去，和石上的凤凰一起被嘉靖皇帝压进圆石里面，再也无法出来，从此才变成一深一浅的龙凤石。1889年祈年殿被焚烧时，这块龙凤石被烈火熏烧了一个昼夜，石块虽未被烧碎，但龙纹被烧成浅黑色，凤纹被烧得模糊不清。整座大殿坐落在面积达5 900多平方米的圆形汉白玉台基上，台基分3层，高6米，每层都有雕花的汉白玉栏杆。这个台基与大殿是不可分的艺术整体。当游人跨出祈年殿的大门，向南望去，只见那条笔直的甬道，往南伸去，一路上门廊重重，越远越小，极目无尽，有一种从天上下来的感觉。难怪一位法国的建筑专家在游览了天坛之后说："摩天大厦比祈年殿高得多，但却没有祈年殿那种高大与深邃的意境，达不到祈年殿的艺术高度。"

▲佛光寺文殊殿内梁枋木架结构，山西五台山

◆山西五台山佛光寺

众所周知，五台山是中国的四大佛教名山之一，其间遍布佛教建筑。但是，你知道在这些众多的建筑中，哪一座的历史最悠久呢？这就是五台山佛光寺的大殿。因历史悠久，寺内佛教文物珍贵，佛光寺又有"亚洲佛光"之称。

佛光寺建在半山坡上。东、南、北三面环山，西面地势低下开阔。寺因势而建，坐东朝西。全寺有院落三重，分建在梯田式的寺基上，寺内现有殿、堂、楼、阁等一百二十余间。

　　佛光寺建筑群中，最引人注目的要数大殿了。佛光寺大殿是我国硕果仅存的两座唐代木构造建筑之一，被我国著名的建筑学家梁思成称为"中国第一国宝"。这是因为它打破了日本学者无知的断言：在中国大地上没有唐朝及其以前的木结构建筑。

　　东大殿是佛光寺的正殿，面宽七间，进深四间。用梁思成先生的话说，此殿"斗拱雄大，出檐深远"，是典型的唐代建筑。为什么这么说呢？原来，

▼山西忻州五台山，佛光寺主殿，唐代建筑

▲北魏祖师塔，山西五台山佛光寺

东大店的斗拱断面尺寸为 210×300 厘米，是晚清斗拱断面的十倍；殿檐探出达三点九六米，这在宋以后的木结构建筑中也是找不到的。同时，大殿梁架的最上端用了三角形的人字架。这种梁架结构的使用时间，在全国现存的木结构建筑中可列第一。二十世纪八十年代初期，人们在大殿门板后面发现了唐朝人游览佛光寺的留言，由此推断，这些具有一千一百多年历史的门板很有可能是中国现存最古老的木构大门了。

值得一提的是，东大殿的墙壁上，还有唐代壁画十余平方米，内容均为佛教故事。上千个人物，连同他们的饰物、衣纹，画得都很细腻，庄严的佛像，慈善的菩萨，威武的天王，多姿的飞天，虔诚的信徒，衣带飘动，拂袖潇洒，真是再现了唐画的风韵。

此外，文殊殿和祖师塔也是佛光寺的代表性建筑。文殊殿位于寺门内北侧，建于金天会十五年（公元 1137 年），元至正十一年（公元 1351 年）重修。文殊殿的梁架采用了粗长的木材，两架之间用斜木相撑，构成类似今天的"人字栿架"，从而增加了跨度，减少了立柱，加大了殿内空间。殿内佛坛上有七尊塑像，中为骑青狮的文殊，两旁为胁侍菩萨。

祖师塔位于东大殿的南侧，是一座六角形的砖塔，下层空心，西面开门，上层实心，设有假门。祖师塔建于北魏时期，唐代武宗灭佛，佛光寺被毁，祖师塔是残留下的唯一建筑物，也是全国仅存的北魏时期的两座古塔之一。

◆悬空寺——中国古代建筑的奇迹

中国的寺庙建筑可谓数不胜数，但是在这众多的寺庙中，有一座是最与众不同的，它就是位于山西的悬空寺。为什么成为悬空寺呢？看看图，你就明白了：历经沧桑的悬空寺如同空中楼阁一般紧紧悬挂在峻峭的山壁上。

▲山西浑源县，恒山悬空寺

悬空寺始建于北魏太和15年（公元491年），整个寺院，上载危崖，下临深谷，背岩依龛，寺门向南，以西为正。悬空寺的总体布局以寺院、禅房、佛堂、三佛殿、太乙殿、关帝庙、鼓楼、钟楼、伽蓝殿、送子观音殿、地藏王菩萨殿、千手观音殿、释迦殿、雷音殿、三官殿、纯阳宫、栈道、三教殿、五佛殿等。

关于悬空寺的建筑特色，我们可以用三个字来概括：

奇——远望悬空寺，像一幅玲珑剔透的浮雕，镶嵌在万仞峭壁间，近看悬空寺，大有凌空欲飞之势。

悬——全寺共有殿阁40间，表面看上去支撑它们的是十几根碗口粗的木柱，其实有的木柱根本不受力。据说建成之时，是没有这些木柱的，只是为了让人们放心，才在寺底下安置了这些木柱，所以有人用"悬空寺，半天高，三根马尾空中吊"来形容悬空寺。

巧——体现在建寺时因地制宜，充分利用峭壁的自然状态布置和建造寺庙各部分建筑，将一般寺庙平面建筑的布局、形制等建造在立体的空间中，山门、钟鼓楼、大殿、配殿等都有，设计非常精巧。

悬空寺的选址之险，建筑之奇，结构之巧，丰富的内涵，堪称世界一绝。它不但是中华民族的国宝，也是人类的珍贵文化遗产。正如德国的一位建筑专家说：悬空寺把力学、美学和宗教巧妙地结合在一起，使我真正懂得了毕加索所说"世界上真正的艺术在东方"，这句话的真正含义了。

这就是悬空寺的魅力，然而悬空寺的魅力绝不止于此。自从建造之初，悬空寺是历代文人墨客向往之处，古代诗人形象的赞叹："飞阁丹崖上，白云几度封。蜃楼疑海上，鸟到没云中"。公元735年，诗仙李白游览后，在岩壁上写下了"壮观"两个大字。明崇祯六年，徐霞客游历到此，称之为"天下巨观"。尤其值得一提的是，悬空寺很好地融合了三教合流的思想。全寺的中心——三教殿位于寺院的最高处。三位教主共居一殿，他们神态各异：殿内正中端坐佛主释迦牟尼，慈和安祥；左边是儒家始祖孔子，微笑谦恭；右边是道教教主老子，清高豁达，似在友好的气氛中进行对话。

当人们感概之余，不禁要问，当时的人为什么要建造悬空寺呢？这需要从北魏时期著名的道士寇谦之说起。公元398年，北魏天师道长寇谦之（公元365-448)仙逝，他生前遗训，希望建一座空中寺院，以"上延霄客，下绝嚣浮"。为了实现天师的遗愿，他的弟子们多方筹措资金，精心选址设计，历经几十年才建成了悬空寺。

◆岳阳楼

予观夫巴陵胜状，在洞庭一湖。衔远山，吞长江，浩浩汤汤，横无际涯；朝晖夕阴，气象万千。此则岳阳楼之大观也。

——范仲淹《岳阳楼记》

▲岳阳楼，湖南省岳阳市洞庭湖畔

对于岳阳楼，我们都不陌生。岳阳楼耸立在湖南省岳阳市西门城头，紧靠洞庭湖畔，自古有"洞庭天下水，岳阳天下楼"之誉。正如宋代著名文学家范仲淹所说的那样，"此则岳阳楼之大观也"。岳阳楼与江西南昌的滕王阁、湖北武汉的黄鹤楼并称为江南三大名楼。

岳阳楼的建筑构制独特，风格奇异，气势壮阔，构制雄伟，堪称江南三大名楼之首。全楼高 25.35 米，平面呈长方形，宽 17.2 米，进深 15.6 米，占地 251 平方米。中部以四根直径 50 厘米的楠木大柱直贯楼顶，承载楼体的大部分重量。再用 12 根圆木柱子支撑 2 楼，外以 12 根梓木檐柱，顶起飞檐。彼此牵制，结为整体，全楼梁、柱、檩、椽全靠榫头衔接，相互咬合，稳如磐石。岳阳楼的楼顶为层叠相衬的"如意斗拱"托举而成的盔顶式，远远望去，恰似一只凌空欲飞的鲲鹏。

岳阳楼的历史可以追溯到公元 220 年，其前身为三国时期东吴大将鲁肃的"阅军楼"。东汉末年，鲁肃奉命镇守巴丘，为了训练和指挥水军，鲁肃在巴陵山上修筑了阅军楼，这就是岳阳楼的前身。阅军楼临岸而立，登临可观望洞庭全景，湖中一帆一波皆可尽收眼底，气势非同凡响。

阅军楼在两晋南北朝时被称为巴陵城楼，到唐朝时期始称岳阳楼。宋庆历四年（公元 1044 年），滕子京被贬至岳州，当时的岳阳楼已坍塌，滕子京于庆历五年在广大民众的支持下重建了岳阳楼。滕子京重修的岳阳楼，在明崇祯十一年 (1639 年) 毁于战火，翌年重修。清代多次进行修缮，清光绪六年 (1880 年)，知府张德容对岳阳楼进行了一次大规模的整修，将楼址内迁 6 丈有余。

关于岳阳楼的修建，还有一段神奇的传说呢！唐朝宰相张说被贬到岳州后，决定张榜招聘名工巧匠，在鲁肃阅兵台旧址修造"天下名楼"。有一位从潭州来的青年木工李鲁班，手艺高强，擅长土木设计，被张说相中，限他在一个月内设计出一座三层、四角、五梯、六门、飞檐、斗拱的楼阁图纸。谁知李鲁班摆弄了一个月的时间，设计出来的图纸只是一座一般的小亭。张说很不满意，再限七天时间，一定要拿出与洞庭湖水形胜相得益彰的有气派的楼阁图纸。正当李鲁班一筹莫展时，一位白发老人走了过来，问清缘由，便把背的包袱打开，指着编有号码的木坨坨说："这些小玩意儿，你若喜欢，不妙拿去摆弄摆弄，或许会摆出一些名堂来。若是还差点什么，就到连升客栈来找我。"李鲁班接过来，摆了又撤，撤了又摆，果然构成了一座十分雄壮的楼型。大家十分高兴，都说是祖师爷显灵，向白发长者道谢。老人说自己是鲁班的徒弟，姓卢。后来，老者在湖边留下了写有"鲁班尺"3字的木尺，一阵风后不见了。工地上人群纷纷跪下，向老者逝去的方向叩头不止。不久，一座新楼拔地而起，高耸湖岸，气象万千。

千百年来，无数文人墨客在此登览胜境，凭栏抒怀，并记之于文，咏之于诗，形之于画，工艺美术家亦多以岳阳楼为题材刻画洞庭景物，使岳阳楼成为艺术创作中被反复描摹、久写不衰的一个主题，使之成为一个集对联、诗文及民间故事为一体的艺术世界。据说张说被贬官之后，常与文人迁客登楼赋诗，此后李白、杜甫、李商隐、李群玉等大诗人接踵而来，写下了成百上千语工意新的名篇佳句，给岳阳楼蒙上了一层浓厚的文化意蕴。

知识链接 ⌄

在岳阳楼保存的历代文物中，当推诗仙李白的对联"水天一色，风月无边"最为著名，其次要数清书法家张照书写的《岳阳楼记》雕屏了。雕屏由12块巨大紫檀木拼成，文章、书法、刻工、木料全属珍品，人称"四绝"。

另外，一楼有一副长达102字的对联，堪称"对联之王"：

一楼何奇？杜少陵五言绝唱，范希文两字关情，滕子京百废俱兴，吕纯阳三过必醉，诗耶？儒耶？吏耶？仙耶？前不见古人，使我怆然涕下！

诸君试看：洞庭湖南极潇湘，扬子江北通巫峡，巴陵山西来爽气，岳州城东道崖疆，渚者，流者，峙者，镇者，此中有真意，问谁领会得来？

四

祖国大地上的绿波翠浪

云横雪岭——天山雪岭云杉林

天山简介

它是古人心目中的圣地，它是现代人向往的胜景；它是艺术家自由驰骋的海洋，它是文学家魂牵梦绕的神域：这就是天山，不老的山，永恒的话题。

——————— 知识链接 ✓

天山山脉横贯新疆的中部，西端伸入哈萨克斯坦，长约2 500千米，宽约250千米～300千米，平均海拔约5千米。新疆的三条大河——锡尔河、楚河和伊犁河都发源于此山。

▲新疆天山秋季牧场

天山，自古以来就是中国与中亚和西亚地区联系的重要通道，是古代丝绸之路的必经之地。驰名中外的唐代高僧玄奘(也就是《西游记》中的唐僧)就是通过这里到印度取经的。他在《大唐西域记》中对这一带的惊险环境作了生动的描述。相传，"一代天骄"成吉思汗也曾登上天山博格达峰，并在此会见当时西来传道的长

▲天山托木尔峰，海拔7443米。新疆温宿县

春真人丘处机。

打开中国地图，我们可以发现天山山脉就像雄健的脊梁一样把新疆分为南北两部分：南边是塔里木盆地，北边是准噶尔盆地。虽说这两大盆地是一对孪生"姐妹"，但自然特征却迥然不同。塔里木盆地四周被高山环绕，气候干燥，多是沙漠地带，这里分布着中国最大的沙漠——塔里木沙漠。与此形成鲜明对比的是准噶尔盆地，盆地西北边缘的山脉不高，而且有很多缺口，这样一来，来自大西洋和北冰洋的水汽就能够进入准格尔盆地，从而形成丰富的降水，气候比较湿润，农业、畜牧业都比较发达，著名的克拉玛依油田也坐落在这座"聚宝盆"里。

天山山脉以高山著称，海拔在5 000米以上的山峰大约有数十座，除最高峰托木尔峰外，主要还有汗腾格里峰、博格达峰、瓦斯基配卡维里山、德拉斯克巴山、蔑雷孜山、史卡特尔东峰、孜哈巴间山等。这些高耸入云的山峰，终年为冰雪覆盖，远远望去，那闪耀着银辉的雪峰是那样雄伟壮观、庄严神秘。

我们先来看看博格达峰吧！博格达峰海拔5 445米，是天山东部博格达山的最高峰，它不仅是勇敢的登山者攀登的目标，也是充满魅力的旅游胜地。与其并列的还有两座海拔分别为 5 287 米、5 213 米的高峰。三峰并立，酷似一只笔架，当地牧民把它们合称为三座神山。

▲天山博格达峰，新疆昌吉阜康县

据统计，整个博格达山脉共有300多条冰川，而博格达峰区占居了 1/4 以上。博格达峰北坡的一条冰川，面积约 11 平方千米，是博格达峰区最大的一条冰川。这条冰川夏季消融地十分强烈，融水汇成许多冰川河道，最大的宽达三四米，水声咆哮，不绝于耳。冰面上，布满了大大小小的冰川漂砾。当漂砾周围的冰面因消融而下降时，被漂砾遮蔽的冰体便形成冰柱，形似蘑菇，人们将这种漂砾和冰柱的复合体称之为冰蘑菇。博格达峰北坡这条大冰川的数道冰流会合为统一的冰舌后，又分别注入北坡的四工河和南坡的古班博

格达果勒河，成为南北疆两大内陆流域分水岭的一部分。

站在古班博格达山口上眺望，博格达峰及其北坡一条大冰川一览无余。地质学家李承三先生考察博格达峰后，曾以"银峰怒拔，冰流塞谷，万山罗拜，惟其独尊"的简短数句，形象地概括了其山势的雄伟和冰川作用之强盛。

"明月出天山，苍茫云海间"，比博格达峰更加雄伟壮丽的是托木尔峰。

托木尔峰是天山最高峰，位于中国与哈萨克斯坦接壤处附近。在它周围有十余座 6 000 米以上的高峰，除汗腾格里峰外，还有形似花朵的雪莲峰，洁白的大理岩上覆着白雪的阿克塔什峰，形似卧虎的却勒博斯峰等。这些巍峨耸立的群峰，披着银盔白甲般的冰雪，在湛蓝的天穹下银光闪烁。

　　天山山脉众多山峰终年为冰雪覆盖，不过千万不要认为天山是沉寂荒芜的。事实上，天山地区分布着丰富的动植物资源。例如，托木尔峰和博格达峰的山麓和河谷地区，满山遍野都是云杉和塔松，四季常青，一点都不逊色于江南地区。在茂密的云山林中，到处可见野蔷薇、党参等中草药，即使在雪线附近的乱石堆中，凌寒怒放的雪莲也散发着清香，远远望去，一株株雪莲宛若一只只白色的玉兔，为这一片冰天雪地的世界带来了勃勃生机。

　　天山雪莲，又名"雪荷花"，是新疆特有的珍奇名贵中草药。天山雪莲的生长环境十分恶劣，它们往往分布在天山山脉海拔 4 000 米左右的悬崖陡壁之上、冰渍岩缝之中。那里气候严寒、风力强劲，一般植物根本无法生存，而雪莲却能在零下几十度的严寒中和空气稀薄的缺氧环境

▲新疆，天山雪莲花

▲天山的东小天池风光

中傲霜斗雪、顽强生长。正是这种环境造就了它独特的药理作用和神奇的药用价值，被人们称为"百草之王"、"药中极品"。在武侠小说中，天山雪莲往往具有起死回生的功能，这固然含有夸张的成分，但天山雪莲的功效可见一斑。

除了植物以外，雄浑壮阔的天山还生养着众多珍禽异兽。天山的苍鹰，素以体长凶猛著称。一只苍鹰双翅展开，足有两米多长，像一架小飞机。它时而悠闲地扶摇直上，时而又逍遥地在空中盘旋，一旦发现野兔、黄羊或其他柔弱动物，便像一把利剑横空劈下，来势可谓迅雷不及掩耳。这些柔弱动物，很快便成为苍鹰一顿可口的佳肴美味。

在天山的动物中最为警觉的要数野骆驼了。它胆子小，疑心大，稍有风吹草动，便远遁而去。它四肢细长而有力，足掌厚约5厘米，如同按上了橡皮垫，奔跑起来轻捷无声，迅如疾风。它的特大胃袋，一次可装水70千克，饮足后能保持数月不再饮水。因此它成为沙漠中的最好运载工具，历来享有"沙漠之舟"之称。

　　此外，黄羊、大头羊、狍子、茶腾大尾羊和雪线附近的雪鸡也是天山特有的物种，也是猎人狩猎的主要对象，尤其是黄羊和大头羊，分布量很大。人们捕获后，有时就架起篝火，就地烧烤，再配上美酒，便成了一顿别有风味的野餐，令人垂涎三尺。

天山天池

　　欣赏了天山的雄奇壮阔，下面让我们来看看天池的柔情万种吧！天山天池位于博格达峰的半山腰，海拔1980米，是一个天然的高山湖泊。湖面呈半月形，长3 400米，最宽处约1 500米，面积4.9平方千米。天山天池湖水清澈，晶莹如玉，四周群山环抱，绿草如茵，野花似锦，素来有"天山明珠"的盛誉。

　　关于天山天池的神话传说数不胜数，其中最著名的莫过于"瑶池"的传说了！相传，天山天池是西王母邀请各路神仙、举行蟠桃盛会的地方。据《穆天子传》记载，3 000年前的周穆王曾乘坐"八骏马车"西行天山，在天池受到了西王母热情的接见。穆王赠送大批锦绸美绢等中原特产，西王母则回赠了天山的奇珍瑰宝，并邀请穆王游览天山名胜。对此，唐朝诗人李商隐曾有诗称赞：

瑶池阿母倚

▲新疆天山天池

窗开，黄竹歌声动地哀。

八骏日行三万里，穆王何事不重来。

千万不要以为天池很寂寞哦，它还有两个好姊妹呢！原来，在天池的东西两侧各有一处水面，东侧为东小天池，又称黑龙潭，传说是西王母沐浴梳洗的地方，所以又有"梳洗涧"、"浴仙盆"之称。东小天池下面是百丈悬崖，有瀑布飞流直下，恰似一道长虹依天而降，非常壮观，形一景曰"悬泉瑶虹"。

天池西侧是西小天池，又称玉女潭，相传是西王母洗脚的地方。西小天池状如圆月，池水清澈幽深，塔松环抱四周。每当皓月当空的晚上，池中静影沉壁，清静无限，"龙潭碧月"已成为天山一大胜景。在西小天池的旁边同样飞挂着一道瀑布，高数十米，如银河落地，吐珠溅玉，人们称之为"玉带银帘"。

目前，天池不仅是中外游客的避暑胜地，而且已成为冬季理想的高山溜冰场。每到湖水结冻时节，这里就聚集着来自世界各地的体育健儿。1979 年3 月我国第四届运动会速滑赛就是在天池举行的。

雪岭云杉的价值

在天山林海中，有这样一种坚强的生命：它苍劲挺拔、四季青翠、攀坡漫生、

▼新疆新源县西天山：雪岭云杉林

绵延不绝，犹如一道沿山而筑的绿色长城。它就是雪岭云杉——忠实的天山守卫者。

　　雪岭云杉是中高大的乔木，成年的云杉高达 40 米，胸径可达 1 米。云杉

▲新疆阜康境内的天山博格达风景区雪岭云杉林

▲云杉的球果，大兴安岭珍稀树种

的树皮呈暗褐色，树枝短小，大的近似平展，小枝下垂，树冠一般呈圆柱形
或窄塔形。雪岭云杉的球果呈圆柱形，体积较大，长 8 厘米～10 厘米，直径 2.5
厘米～3.5 厘米，成熟前呈绿色，成熟后在转为褐色。与球果相比，云杉的种
子就小得多了，只有 3 毫米～4 毫米长，即使带上果翅也不过 1.6 厘米。

雪岭云杉在新疆地区的分布十分广泛，天山林区中 90% 以上的林地，都有
雪岭云杉的足迹。从昆仑山西部到天山南北坡，再到准格尔西部山地，东西绵
延将近 2000 千米。在海拔 1 400 米～2 700 米的中山带阴坡，雪岭云杉连峰续岭，
蜿蜒东西，其下缘常与高大的阔叶林混交，郁郁葱葱，五彩纷呈，形成绮丽的
美景。

如果你想到新疆一睹雪岭云杉的真面目，那么我们建议你到伊犁河畔的

那拉提山看一看。那拉提山气候温暖湿润，非常适合云杉生长，这里的雪岭云杉高达 50 米～60 米，很多云杉都已经三四百岁了，依然风华正茂、郁郁葱葱。据统计，每公顷雪岭云杉林可生产 1 000 立方米木材，如此高大广阔的原始森林，堪称天山森林的精华，就是在世界其他地方也是很少见的。

当然，如此宝贵的雪岭云杉提供给人类的不仅仅是大量的木材，它更重要的价值在于其生态效应。雪岭云杉能够保持土壤、涵养水源。云杉的根系非常发达，不管是岩石，还是山脊，它都能沿细小的缝隙挺进。天长日久，强壮的根系穿岩裂石，咬定青山不放松，不仅保持了高山土壤，而且涵养的大量水分。据专家介绍，凭着这庞大的根系，每株成材的云杉可以储存 2.5 吨水，因此，一株雪岭云杉就是一座微型水库的说法绝不是夸张之谈，而是有事实根据的。

除此之外，雪岭云杉还是动植物的天堂。在广袤的雪岭云杉下面，分布着为数众多的苔草、嵩草、珠芽蓼、高山早熟禾、天山花楸、天山桦、忍冬、蔷薇、角百灵、红尾伯劳等，它们就像众星拱月一样，增强了云杉的魅力。而其中的动物，如雪豹、北山羊、马鹿、猞猁、金雕、棕熊、兔狲、草原雕、苍鹰、高山雪鸡、猎隼、红隼等，则为这片寂静的土地带来了无限的生机与活力。

◆西天山自然保护区

以恰特布拉克山峡谷为核心的西天山自然保护区，堪称雪岭云杉的王国。这里高山冰雪覆盖，山坡林木参天，博大的山岭，蕴藏着连绵浩瀚的云杉。保护区内的云杉涵养着水源，独特的逆温带气候，给山区带来了完整的原始森林植被类型，使这里成为整个天山森林生态系统的典型代表。

在这座山中园林里，白桦、山杨、野苹果、野山杏等阔叶林簇拥密立；山柳、桎柳、野蔷薇、树莓等灌木处处丛生；百种药草形态各异；峻岭密林深处，棕熊、雪豹、狍鹿等 300 多种野生动物和昆虫生息繁衍，堪称是亚欧大陆腹地野生生物物种的"天然基因库"。这里青杉如浪，果林缤纷，绿草如茵，溪流处处，草原与森林交织，深峡与旷谷错落；清秀妩媚处若江南水乡，巍峨险峻处尽显大西北的粗犷。迷人的景致，任何地方皆不可以比拟。

海岸卫士——红树林

下面让我们从寒冷的天山来到温暖的南国，一睹红树林的风采吧！对于红树林，大家可能感觉十分陌生。其实，它是一种热带、亚热带的植物群落，生长于陆地与海洋交界带的滩涂浅滩，是陆地向海洋过度的特殊生态系统。由于主要由红树科的植物组成，所以称之为红树林。

知识链接 ✓

我国红树林品种十分丰富，共有37种，分属20科、25属，主要分布于广西、广东、海南、台湾、福建和浙江南部沿海地区。

红树林的生态效益

可千万别小瞧红树林哦！它可是至今世界上少数几个物种最多样化的生态系之一啊！红树林的生物资源十分丰富。一般来说，红树植物是红树林的主要植物，如木榄、海莲、秋茄、红树、红海榄等，此外红树林中还生长着为数众多的半红树植物和伴生植物等。

不仅如此，红树林中的动物资源也十分丰富，以广西山口红树林为例，其中分布着111种大型底栖动物、104种鸟类、133种昆虫。为什么会这样呢？原来这是因为红树以凋落物的方式，通过食物链转换，为海洋动物提供良好

的生长发育环境，同时，由于红树林区内潮沟发达，吸引深水区的动物来到红树林区内觅食栖息，生产繁殖。由于红树林生长于亚热带和温带，并拥有丰富的鸟类食物资源，所以红树林区是候鸟的越冬场和迁徙中转站，更是各种海鸟的觅食栖息、生产繁殖的场所。

红树林还有一个响当当的名字——海岸卫士。红树林不仅仅是动植物的宝库，同时也具有防风消浪、促淤保滩、固岸护堤、净化海水的功能。这就

知识链接

红树林（Mangrove），是一种热带、亚热带特有的海岸带植物群落，因主要由红树科的植物组成而得名。组成的物种包括草本、藤本红树。它生长于陆地与海洋交界带的滩涂浅滩，是陆地向海洋过度的特殊生态系统

▼海上森林——红树林

要从它盘根错节的发达根系来说起了。红树林根系发达，茂密高大的枝体宛如一道道绿色长城，能滞留陆地来沙，减少近岸海域的含沙量，同时有效地抵御风浪的袭击。

事实胜于雄辩，我们看看下面这些状况，就能真正信服红树林的力量了。1958 年 8 月 23 日，福建厦门遭受一次历史上罕见的强台风袭击，12 级台风由正面向厦门沿海登陆，随之产生的强大而凶猛的风暴潮，几乎吞没了整个沿海地区，人民生命财产损失惨重。但在离厦门不远的龙海县角尾乡海滩上，因生长着高大茂密的红树林，结果该地区的堤岸竟然安然无恙，农田村舍损失甚微。1986 年广西沿海发生了近百年未遇的特大风暴潮，合浦县 398 千米长海堤被海浪冲断 294 千米，但凡是堤外分布有红树林的地方，海堤就不易冲断，经济损失就小。许多群众从切身利益中感受到红树林是他们的"保护神"，由此可见，红树林"海岸卫士"的称号可不是徒得虚名的哦！

红树林的资源现状

红树林对于人类的重要性是不言而喻的，但是令人痛心的是，极度短视的人类却在肆无忌惮地破坏着他们的"保护神"。目前，我国大部分的红树林都面临着这种厄运。

▲海南岛，东海岸的海上红树林

　　随着城市化的发展和过度的开发利用，红树林生态系统正在不断恶化，这不可避免地会对红树林本身产生严重破坏。一方面，生态失衡导致红树林虫害日趋严重，桐花树、秋茄和白骨壤等3个主要树种都受到不同程度的危害，特别是白骨壤受害情况更为显著；另一方面，红树林湿地的水质污染非常严重，特别是石油污染，严重影响了红树林的生存。更严重的是，红树林的生物多样性受到严重的威胁，物种数量减少，特别鸟类受到极大的影响。

　　红树林生态环境的变化及其对红树林生态系统的影响已引起社会各界的关注，人类的发展不能以牺牲环境为代价。面对这种现状，我们应该制定正确的政策，全力保护好红树林资源，保护好我们的"海岸卫士"。

大漠神木——轮台胡杨林

森林，人类忠诚的卫士。在大海边，茂密的红树林保护人类免遭海浪的袭击，而在干旱的大漠中，我们有坚强的胡杨林。如果说红树林是"海岸卫士"的话，那么立根大漠中，傲视沙尘暴的胡杨林无疑就是"大漠神木"。说起胡杨林，最具有代表性的莫过于新疆轮台了，下面就跟着我们的足迹来到新疆轮台看一看吧！

▅▅ 轮台概况

轮台东门送君去，去时雪满天山路。

山回路转不见君，雪上空留马行处。

——岑曾《白雪歌送武判官归京》

唐代著名边塞诗人岑曾的名作《白雪歌送武判官归京》对轮台的描述让人过目难忘，不过更让人难忘的是轮台坚强的胡杨林。

知识链接 ⊘

轮台又名布古尔，原音为维吾尔语"雕鹰"之意。俯视地图，轮台县侧卧于新疆腹地的天山南坡，头枕山巅，腰卧绿野，脚踏塔里木河，东距库尔勒175千米，西临库车县110千米，总面积14789平方千米，有维、回等7个少数民族。自古以来，轮台就是丝绸之路的中心。早在公元前60年，西汉政权就在这里设立西域都护府，统一管辖天山南北。

如今，古老的轮台以崭新的面貌呈现在人们面前。这里是塔里木石油勘探开发的主战场，是我国"西气东输"工程的起点，这有世界最长的沙漠公路，有神奇的塔克拉玛干沙漠景观，有中国最长的内陆河——塔里木母亲河。当然，绝对不能落下被称为"第三纪活化石"的胡杨林，在轮台的塔里木河沿岸分布着多达 43.6 万亩的天然胡杨森林。

▲轮台胡杨林，新疆塔克拉玛干沙漠

轮台胡杨林的价值和意义

众所周知，胡杨林是塔里木河流域典型的荒漠森林草甸植被类型，从上游河谷到下游河床均有分布。虽然胡杨林结构相对简单，但具有很强的地带性生态烙印。无论是朝霞映染，还是身披夕阳，它在给人以神秘感的同时，也让人解读到生机与希望。

知识链接 ✓

胡杨树是一种高大的落叶乔木，树高一般15米以上，最高30多米，胸径可达2米。在新疆民丰县的无边无际的沙漠中，有一独株胡杨树，高32米，覆盖面积800多平方米，号称新疆的"胡杨之王"。由于它顽强的生命力，以及惊人的抗干旱、御风沙、耐盐碱的能力，能生存繁衍于沙漠之中，因而被人们赞誉为"沙漠英雄树"。

　　作为第三纪的孑遗植物，胡杨树是新疆最古老的珍奇树种之一，在我国古籍中又称胡桐或梧桐。维吾尔语叫"托克拉克"，意为"最美丽的树"。胡杨树的形象、姿态各有差异，它们群立于荒漠地带，给人以古劲、奇特的印象。清人宋伯鲁在其咏胡杨的诗中曾惟妙惟肖地写到：

　　君不见：

　　额林之北古道旁，胡桐万树连天长。

　　交柯接叶方灵藏，掀天掉地纷低昂。

　　矮如龙蛇欲变化，蹲如熊虎踞高岗，

　　嬉如神狐掉九尾，狞如药叉牙爪张。

　　对于干旱的西北地区来说，胡杨树可谓全身是宝！胡杨树生长较快，它的叶子可作饲料，木材耐水耐腐，是造桥的特质材，也可用于造纸和制作家具。胡杨林可以阻挡风沙，绿化环境，保护农田，是我国西北地区河流两岸或地下水较高地方的主要树种。

　　不仅如此，坚强的胡杨树有时候还会偷偷"流泪"呢！不信？让我们来

▲内蒙古，阿拉善盟，额济纳旗，不朽的生命——胡杨林

看看古人的说法吧！据《新疆域图风土考》记载，"夏日炎蒸，其（胡杨）津液自树梢流出，凝结如琥珀，为胡桐泪；自树身流出色如白粉者为胡桐碱"。原来，胡杨树具备一种特殊的排除盐分的能力，既把吸收的盐分部分储藏体内，然后通过表皮裂缝排到体外，正是这种能力使得胡杨树能够适应干旱荒漠地区的土壤盐渍化现象。

胡杨树的一生是一部启示录——有关生命与死亡、大漠首位与绝处逢生的启示录。面对胡杨林，人类的想象力一直失语。胡杨树一生都在顽强地同风沙作斗争，它们甘居荒漠，以粗壮的躯干的群体阻挡着流沙，抵御了寒风，保卫了绿洲，维护了干旱地区的生态平衡。真是"不到大漠，不知天地之广阔；不见胡杨，不知生命之辉煌"。维吾尔族有句广为流传的谚语，很好地道出了人们对胡杨树的赞美之情：胡杨能活三千年，生而一千年不死，死而一千年不倒，倒而一千年不朽。

▼新疆轮台县胡杨森林公园，始建于1993年，占地2万多公顷，2005年被评为中国最美的十大森林之一

≡ 胡杨林保护区

从 20 世纪的 50 年代中期至 70 年代中期的短短 20 年间，塔里木盆地胡杨林面积由 52 万公顷锐减至 35 万公顷，减少近 1/3，而在塔里木河下游地区，胡杨林更是锐减 70%。在幸存下来的树林中，衰退林占了相当大的比重。胡杨及其林下植物的消亡，致使塔里木河中下游成为新疆沙尘暴两大策源区之一。

是什么造成这种结局呢？其中既有自然原因，也有社会原因，不过最主要还是人类不合理的社会经济活动。值得庆幸的是，人们已从挫折中吸取了教训，开始了挽救塔里木河、挽救胡杨林的行动。向塔里木河下游紧急输水已初见成效，两岸的胡杨林开始了复苏的进程。面积近 39 万公顷的塔里木胡杨林保护区已升格为国家级自然保护区，轮台胡杨公园也升格为国家森林公园；以胡杨林地为主体的塔里木河中游湿地受到国际组织的关注，并列为重点保护的对象。第一次受到人类如此高规格礼遇的胡杨林，一定不会辜负人类的期待，将重展历史的辉煌！

在轮台南四十多千米处，在壮阔的塔克拉玛干大沙漠腹地，有这样一处胡杨密集，百鸟欢鸣，花鲜蜂飞，天青水碧的好地方，这就是胡杨林森林公园。世界上的森林公园有 1 200 多个，但位于沙漠之中的却只有一家。面对着荒漠之中的奇境，你会顿时感到，最初的人类都是林中人，森林给了人们生活的一切，到了这里你才知道你是在寻找人类的根。

据说，森林公园开辟后的第一年来了 4 只白天鹅，以后又有数只飞来，它们一来就相中了这个地方，即使在冬季，也不肯离去，夏天在水中游戏，引颈放歌，冬日与人类共欢，漫步员工之家，俨然一副雍荣华贵的样子，引得无数的中外游客惊喜不已。

晚秋时节，南疆大地已经看不到多少绿色，但对于看胡杨美景的旅游人来说，这却是个最好的时节。金色的胡杨林将秋色渲染到了极致。从林中的所有树叶都像被金红或橙黄的油彩浸泡过，无数的金红和橙黄汇在一起，就形成了一片浮光耀金的海，"霜叶红于二月花"用在这里显得过于纤巧，它的光色对人的视觉冲击是语言难以表达的。轮台胡杨林已经成为新疆的名片之一，到新疆，如果不到胡杨林中一游，当为一大憾事。

竹影婆娑——宜宾蜀南竹海

漫步蜿蜒曲折的林间小道，荡舟清澈碧绿的翠湖，游鱼嬉戏遨游，湖畔翠竹掩映，处处感觉竹海的诗情画意；站立飞瀑之下，透过水帘赏竹，更是景象万千，乐而忘归；还可乘坐索道从空中俯瞰竹海，万顷碧波，令人陶醉——这就是魅力无穷的蜀南竹海。正如一位加拿大游客在蜀南竹海博物馆的留言簿上写道："我有幸在中国的这片土地上走进了蜀南竹海这样一个竹的世界，而在竹海博物馆又让我读到一本难得的竹专著。"

蜀南竹海的传说

关于蜀南竹海，历来有一段美丽动人的传说。

相传，蜀南竹海所在的"万岭山"原本是女娲娘娘补天时遗落的赤石。

▲竹林风光。四川宜宾蜀南竹海

天宫中的金鸾仙子看见万岭山一片荒凉，毫无生机，于是便私自下凡想给此山编翠织绿，结果因触犯天条被抓回天宫治罪。看守金鸾的是南极天官的女儿瑶箐仙子。瑶箐仙子心地善良，当她得知金鸾触犯天规的详情之后，便更加同情和敬佩金鸾，于是就偷走父亲南极天官的放行牌，送金鸾逃出南天门。不料被南天门神发现，双双重新被捉，金鸾打入天牢，瑶箐本该遭受严惩，但由于南极天官平日办事勤恳，人缘又好，因此众神恳求网开一面，玉帝也乐得做个人情，将瑶箐贬到凡间，要她在"万岭山"编织绿波，将绿波接上九天，才可以返回天庭与父亲团聚。

虽然受到了惩罚，但瑶箐却喜出望外。南极天官舍不得爱女，但天命难违，无奈之中，只得将自己的七星蚊帚送给爱女。众仙姑也纷纷赶来含泪相送，大家不约而同地摘下佩戴的各种翡翠、玉器，送给瑶箐做织翠编绿的种子，织女还送了一条可以化云变雨的白丝绢。瑶箐落脚于"万岭山"的荒山野岭之中，日出日落，播撒翡翠，挥蚊扫帚、舞白丝绢，终于便有一颗颗的嫩笋破土而出，一排排青翠的新竹长成，一片片碧绿的波浪向着九天延伸。荒凉的万岭山，终于变成了一块美丽的碧玉，这块碧玉就是今天的蜀南竹海，而竹海里的涫江河，则是瑶箐仙子遗落的那条白丝绢。

蜀南竹海天下翠

看着这样美丽的风景，听着这样动人的传说，你是不是急不可待地想一睹蜀南竹海的真容呢？下面就随着我们一起到蜀南竹海的深处去畅游吧！

知识链接 ⌄

　　翠甲天下的蜀南竹海，位于四川南部的宜宾市境内，景区面积达120平方千米，共有竹子58种，7万余亩，是我国最大的集山水、溶洞、湖泊、瀑布于一体，兼有历史悠久的人文景观的原始"绿竹公园"。这里清风摇曳、竹影婆娑，奇篁异筠的山竹与独具特色的山水、湖泊、瀑布、崖洞、寺庙水乳交融，自然生态与历史人文并重，是人们回归大自然的游览胜地。大家都看过举世瞩目的北京奥运会开幕式吧！其中就有蜀南竹海的身影，当蜀南竹海梦幻般的美丽画面呈现在所有观众面前，所有的人都被其令人窒息的美丽所震撼。

整个景区东西长约 13 千米，南北宽约 6 千米，其中一级景点 15 个，二级景点 19 个，蜀南竹海素以雄、险、幽、峻、秀著名，其中天皇寺、大宝寨、仙寓洞、青龙湖、七彩飞瀑、古战场、观云亭、翡翠长廊、茶化山、花溪十三桥等景观被称为"竹海十佳"。

▲楠竹，重庆永川茶山竹海风景区

蜀南竹海是中国最壮观的竹林，可谓竹的海洋。7万余亩土地上楠竹密布，铺天盖地。夏日一片葱茏，冬日一片银白，是国内外少有的大面积竹景，与恐龙、石林、悬棺并称川南四绝。

▲四川宜宾，蜀南竹海箭竹

这里生长的竹子多达 58 种，除了常见的楠竹、水竹、慈竹外，还有紫竹、罗汉竹、人面竹、鸳鸯竹等珍稀竹种。此外，在茫茫的竹海中，还零星地生长着桫椤、兰花、楠木、蕨树等珍稀植物，栖息着竹鼠、竹蛙、箐鸡、琴蛙、竹叶青等竹海特有的动物。更不用说林中盛产的竹笋和竹荪、猴头菇、灵芝等名贵菌类了。

☰ 景点一览

　　蜀南竹海之中溪流纵横，飞瀑高悬，湖泊如镜，泉水清冽。竹海素以雄、险、幽、峻、秀著名，其中天皇寺、天宝寨、仙寓洞、青龙湖、七彩飞瀑、古战场、观云亭、翡翠长廊、茶化山、花溪十三桥等景观被称为"竹海十佳"。"蜀南竹海天下翠"已倾倒众多游客，蜀南竹海已成为中国西部冉冉升起的一颗灿烂的旅游明星。另外，这里还建有国内唯一的收集、展陈竹类标本和竹文化的竹海博物馆。说了这么多，下面我们一起去欣赏这些景点吧！

　　1. 幽深奇险仙寓洞

　　仙寓洞位于蜀南竹海南部仙寓洞景区擦耳岩陡崖之中，地势险要，因自然景观和人文景观极佳被誉为"竹海明珠"。仙寓洞原是一个天然岩洞，长300余米，宽和高2米至15米。洞上是莽莽的竹林，洞下是竹海大峡谷，时而烟波浩渺，时而云飞雾聚，仙寓洞也就时隐时现于烟霭云雾之中。从洞中往外观，周围青绿翠蔓，碧浪无垠，若是天气晴朗，云消雾散，可鸟瞰数十里田园景色。

　　这里最早是一个道观，后来佛教兴盛，宋朝以后，相继建了观音殿，老君殿等建筑，成为一个佛教和道教共同存在的活动场所。从竹海山下进洞就来到了仙寓洞东山门，东山门至和尚殿是佛教活动区；从竹海大峡谷上山进洞为南山门，南山门至老君殿是道教活动区。

　　如果从东山门进入仙寓

▲四川宜宾蜀南竹海

▲ "三十六计"摩崖石刻之"指桑骂槐"，四川宜宾蜀南竹海天宝寨

洞，你可以在石柱上看到一幅对联：

　　天际出悬岩，石窍玲珑，问混沌何年凿破；

　　云中寻古洞，淡烟缥缈，看神仙海外飞来。

　　进入洞中，经过长链锁蛟龙，穿飞瀑，过寨门，就来到了卧佛殿。卧佛凿雕在红色砂石岩中，释迦牟尼佛身后，还有十四天神塑像。再往前行，便是观音殿，石壁中间有观音的立像，左右排列着十八罗汉。在观音殿的外面，有一石牛卧水函中，石牛雕得栩栩如生，活泼可爱。天泉飞泻，函水晃荡，

水花四溅，好似水牛在水中摇摆、嬉戏，十分有趣。

再往里走就是大雄宝殿和小雄宝殿了。两殿内都供有三世佛：如来、药师、阿弥陀。在佛的前面，各有一块高1米的九龙碑。碑由整石镂空精雕而成，九龙飞绕，形象生动逼真，碑的当中刻有"当今皇帝万岁万岁万万岁"字样。大雄宝殿三佛两侧还有文殊、普贤塑像，分乘青狮和白象，后侧分别有送子观音和财神菩萨，两侧还有神态各异的十八罗汉。

2. 竹涛阵阵龙吟寺

龙吟寺又名龙尾寺，坐落在海拔980米的九龙山上。这里四面翠浪起伏，浩渺连天，天风吹荡，竹涛声声，恍若龙吟，所以才有了龙吟寺这一名称。龙吟寺占地450平方米，建于明代万历年间（1573-1620年），曾有正殿、下殿、侧殿。可惜的是，1959年被拆毁，只剩下基石、台阶和石门框，我们目前看

▲擦耳岩陡崖之上的仙寓洞，有"竹海明珠"之称，四川省宜宾市长宁县蜀南竹海风景名胜区。天然岩腔，长300余米，洞下是竹海大峡谷，也是一个依山靠岩建造的石窟寺庙

到的龙吟寺是后来重建的。

目前，龙吟寺还存有 41 尊佛像，正殿的莲花宝座上有三尊大佛，庄严肃穆，十分威武，与一般寺庙所塑的慈祥文静的佛像风格不同。两侧的罗汉，或坐或倚，或笑或思，形态万千。前殿，后殿和廊坊还有阿弥陀佛，观世音、韦陀等塑像。这些塑像雕刻工艺精巧，线条流畅，造型生动，极富有生活气息。

3. 易守难攻天宝寨

天宝寨建在 1000 米的悬崖绝壁之上，栈道石室之间，十三道石寨门层层设防，能攻易守，地形险要，气势雄伟，堪称蜀南竹海的最佳景点。洞的四

▼四川宜宾蜀南竹海，七彩飞瀑

周翠竹周合，犹如天然屏障遮挡视线，人行其中，虽险不惊，途中有罕见的巨大蘑菇石，高有 10 多米，上面的石块如伞盖，危而不坠。传说，这些石头本来是仙寓洞道长使用的伞，放在此地后化作黄色的石头，故取名"黄伞石"。

天宝寨的历史最早可以追溯到清朝晚期的太平天国运动。相传，太平天国后期，翼王石达开率军进入四川，当地官府为了防御石达开就在地形险要、易守难攻的山上修建了天宝寨。民国初年，匪盗为患，地方豪绅为了防匪防盗，曾搬到此地居住。1997 年，当地政府在洞中凿出了《三十六计》，并精选群众比较熟悉的战例，雕刻成巨幅图画，巍然矗立于悬崖绝壁之上。

4. 翡翠长廊

在蜀南竹海众多风景名胜中，最能代表其特色的非翡翠长廊莫属。翡翠长廊位于竹海竹林深处，其路面是由"色如渥丹、灿若明霞"的天然红色砂石铺成。两旁密集的老竹新篁拱列，遮天蔽日，红色地毯式的公路与绿色屏封的楠竹交相辉映。这里的道路时起时伏，顶上两旁的修竹争向内倾，几乎拱合，长廊就更加显得幽深秀丽，从而成为蜀南竹海最具特色的标志性景观。

翡翠长廊，万竿拥绿，长廊是一个清凉的世界。晴空万里之时，竹叶间漏下缕缕阳光，在地上撒下点点金光，把长廊打扮成了一个色彩斑斓的世界。下雪之季，银锦铺地，绿技琼花，别有情趣，游人到此，无不游憩，摄影留念。正如一道赞美它的诗所说："红霞铺垫，玉柱框廊；炎阳无炎，狂风不狂。"

5. 七彩飞瀑

在石鼓山和石锣山之间的葫芦谷中，清清的水潦河从深林里流出，在回龙桥下分为四级泻下悬崖，落差近 200 米，蔚为壮观——这就是著名的七彩飞瀑了。第一级瀑布从回龙桥下飞泻而来，宽 5 米，落差 30 米；第二级宽 3 米，落差 15 米，气势磅礴，与第三级瀑布连成一线；第三级宽 4 米，高 50 米，飞流直下，先声夺人；第四级，宽 5 米，高 74 米，外于谷口末端，下为悬崖峭壁，站于其头上，只能闻其声而不能睹其貌，所以称之为"飞声瀑"。瀑布两侧，一为钟山，一为鼓山。据说夜深人静的时候，雄浑的水声会夹杂钟鼓之声。一旁的落魂台，巨石岌岌可危，令人惊心动魄

北国之松——长白山红松林

长白山简介

在富饶的东北地区有这样一座山，它风光秀丽、景色迷人，堪称与五岳齐名——它就是坐落在中朝边境的长白山。长白山因其主峰白头山多白色浮石与积雪而得名。

长白山北起吉林省安图县的松江镇，西始于抚松县松江河旅游开发区，东止于和龙县境内的南岗岭，南部一直伸到朝鲜境内。历史上，长白山是关东各族人民世代繁衍生息的摇篮，清朝时期将它定为圣地，因为满族的祖先就发源于长白山。

知识链接 ✓

长白山是一座休眠火山，历史上有过数次喷发。因此形成的独特的地貌景观神奇秀丽、巍峨壮观、原始自然风光无限！未来者无不向往，已来者无不留连。1983年夏，邓小平同志登上长白山极顶，题写"长白山"、"天池"横幅，并发出赞叹："人生不上长白山，实为一大憾事！"

长白山还是一座天然的大自然博物馆和稀有生物资源的储藏库。这里森林茂密，遍布红松、云杉等树种，其间更有梅花鹿、貂等珍稀动物，人们常说的关东三宝——人参、貂皮、鹿茸就是产于长白山区。

长白山胜景

说起长白山的风景名胜，人们首先想到的就是天池了。

长白山天池是一座火山口，位于长白山主峰火山锥体的顶部，海拔

▲长白山红松，吉林长白山国家地质公园

2189.1 米，比新疆维吾尔自治区的天山天池还要高 209 米呢！天池略呈椭圆型，南北长 4.4 千米，东西宽 3.37 千米，就像一块瑰丽的碧玉镶嵌在雄伟的长白山群峰之中，它是中国最高最大的高山湖泊，也是东北三条大江——松花江、鸭绿江、图们江的发源地。

天池上空气候多变，多云、多雾、多雨、多雪。云、雾、雨、雪不仅把天池装点得美丽动人，而且更加虚幻神秘。尤其盛夏季节，风雨不定，变化频繁，有时一日之内，甚至一小时之内就可能发生几次变化，刚刚还是骄阳直射、焦灼烤人，忽然间狂风大作、黑云滚滚、电闪雷鸣，大雨倾盆，山峰、湖面倾刻间淹没在风雨之中。雨后天池景色格外迷人，池边群峰竞秀，山野如洗；池上霞光万道，长虹当空；池中奇峰倒映，波光粼粼。天池上空经常云雾缭绕，置身其中使人顿觉腾云驾雾一般，白云在脚下飘逸。给人一种神秘莫测、飘飘欲仙的美感。有时还会出现池东日出池西雨，山上大雨山下晴的奇异景观。

近百年来，长白山天池"水怪"的传说愈演愈烈，成为一个悬而未解的谜题。无论是苏格兰的尼斯湖，还是我国的长白山天池、新疆的喀纳斯湖以及四川的列塔湖等等，"水怪"出没的传说一直不绝于耳，却又始终扑朔迷离、难辨真伪。那么这些水怪到底是什么？

事实上，天池水怪可能是一种类似"翻车鱼"的海洋鱼类。根据水怪目击照片和录像显示，水怪有打转的习惯，还可以越出水面，这都与翻车鱼极

▲吉林省长白山，长白瀑布

其相似。由于长白山天池是活火山，与日本海临近，极有可能有一条通往日本海的隧道，而翻车鱼就从这条隧道进入天池。

接下来，我们要看的是长白山瀑布。长白山天池四周奇峰环绕，北侧天文峰与龙门峰之间有一缺口，池水从这里溢出，穿流在悬崖峭壁之间的天河，以雷霆万钧之势，夹带着震天的吼声，跌向深深的谷底，形成落差 68 米高的瀑布，这就是蔚为壮观的长白瀑布。

夏日，晴空万里，远望瀑布，似锦缎从天抖落，在阳光照耀下非常耀眼。飞瀑下落，袅袅娜娜，飘逸曼妙；近临瀑布，则浪花翻腾，在阳光的照射下，发生折射和反射，水汽弥漫，横空出彩虹，绚丽夺目，似虹霓霞雾、珠垂玉坠，令人叹为观止；来到瀑布旁边，可以听到瀑布的巨大吼声，好似千鼓齐鸣，万雷争吼，又像金戈相击、铁马互奔的声音，飞瀑溅起的层层水雾，仿

▲长白山天池全景

▲长白山聚龙泉

佛是两军拼搏扬起的阵阵烟尘。天河水流不大，但水势湍急，它上与天池相接，下通二道白河，是松花江的正源。

　　沿北坡登山去天池，在不老峰东侧尾端和观景台中间，峭壁之上有一"凹"形缺口，就是闻名长白山的黑风口。这里长年多风，而且风力强劲，经常刮起五六级的的大风，游人们根本站不起来，只能匍匐着爬到风口。原来，黑风口是饱览长白山瀑布的最佳位置，游人们又难以割舍，所以只有顶风前进了，真是"无限风光在险峰"啊！

在黑风口滚滚黑石下面，有几十处温泉，大的如碗口，小的如指粗，这就是分布在 1000 平方米地面上的聚龙泉。聚龙泉距离震耳欲聋的长白瀑布不到二里，奔腾咆哮的白河擦边而过。在河流方向的右方，泉口比较集中，有数十处之多，较大泉眼有 7 处。无数条热流从地底涌出，似群龙喷水，所以称之为聚龙泉。聚龙泉由于水温很高，水泡不断冒出，还能煮熟鸡蛋。游人们常常用怀疑的眼光盯着放进泉水里的鸡蛋，不多会儿，鸡蛋便煮熟了，且有浓郁的矿泉气味，口感极好。

丰富多彩的红松林

长白山红松林，是中国东北地区最为典型、分布最为广泛的森林类型。红松林里生长着红松、蒙古栎、水曲柳等近五十种树木，构成了一个繁茂的

▲红松林，黑龙江小兴安岭伊春五营国家森林公园

▲野生红松籽，产自长白山林区，属国家一级濒危物种

大家族。

红松是一种既名贵又稀有的树种，在我国只分布在东北的长白山到小兴安岭一带。红松是像化石一样珍贵而古老的树种，天然红松林是经过几亿年的更替演化形成的，被称为"第三纪森林"。红松在地球上只分布在中国东北的小兴安岭到长白山一带，国外只分布在俄罗斯、日本、朝鲜的部分区域。中国黑龙江省伊春市境内小兴安岭的自然条件最适合红松生长，全世界一半以上的红松资源分布在这里，伊春被誉为"红松故乡"。

红松的用途十分广泛，既是珍贵的经济林木，也是不可多得的绿化树种。红松材质轻软，结构细腻，纹理密直通达，形色美观又不容易变形，并且耐腐强，所以是建筑、桥梁、枕木、家具制作的上等木料。即使是红松的枝丫、树皮、树根也可用来制造纸浆和纤维板。另外，从松根、松叶、松脂中还能提取松节油、松针油、松香等工业原料。近年来，人造的红松林也在山区、半山区和林场培育成材了，并且作为绿化树种，它已从偏僻的山川，走进了喧嚣的城镇街市了。

人们平常所说的野生人参就来自在红松阔叶林里。八月是人参成熟的时候，在林下绿色的背景中，鲜艳的果实格外醒目。采参人用鹿的肋骨制成的小刀，一点一点剔去人参根须上的泥土。中医认为，只要沾到铁器，人参就会失掉元气，哪怕是断掉一根根须，人参的价值也会大打折扣。

红松针阔叶混交林，以它丰富多样的食物，养育了50多种哺乳动物，这里是地球上同纬度物种最多样的地区。其中最为人所知的莫过于憨厚的黑熊了。人们常说黑熊是红松林里的巨无霸，其实，它并没有传说中那样危险。

黑熊偶尔捕食田鼠、小野猪，但更多的时候，它是个素食主义者，成熟的浆果是黑熊最喜爱的食物。在秋天里，它们每天的工作只有一件，就是敞开肚子，不停地吃。这是一次惊人的增肥行动，在食物充足的情况下，黑熊的体重每天可以增加一公斤。秋季增肥行动之后，等待着它的是将近五个月的冬眠。

红松种子富含油脂，能为动物们度过严冬提供充足的热量，如果没有这些食客，种子也无法进入土壤，获得发芽的机会。红松用美味的种子作为报酬，雇用动物们担任播种的农夫。红松和森林里的动物之间，形成了一种奇妙的共生互惠关系。松塔是黑熊惟一能吃的坚果。它的吃相虽然不雅，但对红松来说却是一件好事。在黑熊吃松塔的时候，很多松籽都掉落到地上，这些释放出来的松籽，也有了发芽的机会。野猪也被松塔的香味吸引过来。它们有拱地的习性，可以帮助种子松土。东北虎尾随着野猪的气味，一路追踪而来。

然而，平静而生机勃勃的生活即将再度被打破，森林迎来新的不速之客。美味和数量，是红松传播种子的两大法宝，但正因为如此，采摘松塔成为一项有利可图的事情。人们准确地计算好时间，在第一批种子成熟之后，进入森林。很多年来，松籽的价格在市场上居高不下，采松籽已经成为附近人们一大收入来源。在居民们举行宴会的地方，采松者搭起了营地，一旦人们离开营地，动物们便围聚到松塔堆前，继续中断了的宴会。然而，好景不长，不久这些松塔将会清运一空，辗转运到城市，成为人类的美食。

红松原始森林是小兴安岭生态系统的顶级群落，生态价值极其珍贵，她维护着小兴安岭的生态平衡，也维护着以小兴安岭为生态屏障的中国东北地区的生态安全。清代《黑龙江志》曾这样记载小兴安岭的红松原始森林："参天巨木、郁郁苍苍、枝干相连、遮天蔽日，绵延三百余里不绝。"但是，从1948年小兴安岭开发到现在，这里的天然红松林已从原始的120万公顷减少为不足5万公顷，成熟林木大约只剩下300万株，再也看不到红松林遮天蔽日、绵延不绝的壮观景象。

2004年9月，伊春市决定在伊春境内全面停止采伐天然红松林，并对现存的红松逐株登记进行保护。然而，仅仅停止对红松的采伐是不够的，红松只有在一个完整的生态系统内才能繁衍生息，绵绵不绝。为了恢复红松原始森林，必须对小兴安岭的整个生态系统进行保护，保护红松需要全社会的关注和支持。

植物王国——西双版纳热带雨林

美丽的西双版纳，
留不住我的爸爸。
上海那么大，
有没有我的家？
爸爸一个家，
妈妈一个家，

剩下我自己，
好像是多余的。

这是多年前风靡全国的电视剧《孽债》的片尾曲，歌中以哀怨的口气唱出了主人公悲惨的身世和坎坷的命运，也唱出了人们对西双版纳的向往。美丽的西双版纳到底是什么样一片热土呢？下面就跟我们一起去探个究竟吧！

西双版纳概况

在云南省西南部的横断山脉地区，有一片神秘而美丽的土地，这就让无数游人流连忘返的西双版纳。在古代傣语中，西双版纳被称为"勐巴拉那西"，意思是"理想而神奇的乐土"。现如今，西双版纳以其神奇的热带雨林景观

▲距今2700年的野生古茶树（茶王）及石碑，云南镇沅县九甲乡千家寨

▼2000年，云南傣族的竹木结构傣楼

　　和独特的少数民族风情而闻名于世，成为许多中外游客的首选之地。

　　西双版纳地处亚热带地区，热量丰富，终年温暖，四季常青。又因距离海洋较近，受印度洋西南季风的控制和太平洋东南季风的影响，常年湿润多雨，森林繁茂，物种丰富。从世界地图上一眼看去，会发现在西双版纳同一纬度上的其他地区几乎都是茫茫一片荒无人烟的沙漠或戈壁，惟有这里的2万平方千米的土地像块镶嵌在皇冠上的绿宝石，格外耀眼。在这片富饶的土地上，有占全国1/4的动物和1/6的植物，是名副其实的"植物王国"和"动物王国"。

　　西双版纳的植物资源非常丰富，达二万种之多，其中热带植物5 000多种，可食用植物一万多种，野生水果50多种，速生珍贵用材树40多种。许多植物是珍贵用材或具有特殊用途，如抗癌药物美登木、嘉兰，治高血压的罗芙木，健胃驱虫的槟榔等等。此外，风吹楠的种子油则是高寒地区坦克、汽车、发动机和石油钻探增粘降凝双效添加剂的特需润滑油料，被誉为"花中之王"的依兰香可制成高级香料。更有趣的是这里还有 1 700 多岁的古茶树，天然的"水壶"、"雨伞"，还有会闻乐起舞、会吃蚊虫的小草和见血封喉的箭毒木呢！

广阔茂密的热带雨林，同样给各种野生动物提供了理想的生息场所。目前，西双版纳已知的鸟类有 429 种，占全国鸟类总数 2/3，兽类 67 种，占全国兽类总数的 16%。其中被列为世界性保护动物的有亚洲象、兀鹫、印支虎、金钱豹等。此外，还有国家一级保护动物野牛、羚羊、懒猴等珍稀物种。

在西双版纳的动物中，最引人注目的非亚洲象莫属。自 1977 年我国宣布亚洲象为濒危物种，并在西双版纳成立野象自然保护区至今，亚洲象的生存环境得到了明显改善，其数量也从 20 世纪 80 年代的 80 余头发展到现在的 300 多头。

到西双版纳旅游的人们有时会看到美丽的孔雀、白鹇、犀鸟在林中飞翔，有时会看到肥硕的大象在公路上悠闲地漫步，有时会看到羚羊、野鹿、野兔在尽情地奔跑……这些早已远离人们的奇观和乐趣依然存在于神奇的西双版纳，真是幸甚幸甚啊！

知识链接 ✓

著名旅游景点有：景洪、曼飞龙佛塔、澜沧江畔、曼阁佛寺、曼景兰旅游村、依澜度假村、猛仑植物园、民族风情园、野象谷、热带作物研究所、傣族风味菜、傣族园、景洪原始森林公园、红旗水库、打洛原始森林公园、动物奇观、植物奇观、热带雨林。

西双版纳不仅是生态旅游的绝佳去处，也是民俗旅游不可多得的胜地。说到民俗旅游，我们有必要介绍一下世代生活于此的西双版纳人——傣族人。

傣族的历史悠久，勤劳勇敢的傣族人民在长期的生活中创造了灿烂的文化，以傣历、傣文和绚丽多彩的民族民间文学艺术著称于世。早在一千多年前，傣族的先民就在贝叶、绵纸上写下了许多优美动人的神话传说、寓言故事、小说、诗歌等，仅用傣文写的长诗就有 550 余部。《召树屯与楠木诺娜》、《葫芦信》等是其代表作，被改编成电影、戏剧等，深受群众的喜爱。傣族的舞

▲依兰香 Cananga odorata，番荔枝科依兰属植物

蹈具有很高的艺术水平和鲜明的民族特色，动作为多类比和美化动物的举止，如流行广泛的"孔雀舞"、"象脚鼓舞"等。此外，傣族的民居——竹楼也广为人们称赞。傣族竹楼是我国现存最典型的干栏式建筑，造型古雅别致，住在里面清凉舒爽，别有一番风味。

作为居住在西双版纳的少数民族，傣族具有鲜明的民族特色，这在其民族织锦、民族服饰、工艺品、佛教建筑以及风俗人情等诸多方面都有所体现。下面就让我们从中窥测一下傣族人民的生活面貌吧！

◆傣族织锦。

最具傣族特色的民族织锦要数通巴与花包了。所谓通巴，就是挎包的意思。傣族的通巴，往往以五颜六色的毛线、棉线作为原料，一般长30厘米，宽20厘米。包的正面、侧面、后面都织上了美丽的图案，或是花卉鸟兽，或是几何图形，而在包底则缀有彩穗，色泽鲜艳美观。傣族的通巴做工精细，现

知识链接 ⌄

亚洲象别名：印度象，拉丁学名：Elephas maximus。象科 Elephantidae，象属 Elephas。鼻端有一个指状突起，雌象没有象牙，即使是雄象也有一半没有象牙或象牙很小，耳朵比较小、圆，前足有5趾，后足有4趾，共有19对肋骨（其中苏门答腊亚种有20对，但比非洲象少一根），头骨有两个突起，背拱起。性情温和，比较容易驯服。尽管历史上亚洲象的分布地较广，现在它们主要生活在南亚和东南亚。国外见于孟加拉、不丹、文莱、柬埔寨、印度、老挝、马来西亚、缅甸、尼泊尔、斯里兰卡、泰国和越南的森林和附近平原及灌木地带。国内分布已有记录见于云南南部西双版纳（勐腊、景洪）、江城；云南西南部西盟（岳宋）、沧源（南滚河）和云南西部盈江（那邦坝）

▲亚洲象

已出口缅甸、老挝等国家。

除了通巴之外，花包也是傣族特色的织锦。花包本是青年男女娱乐、传情的玩具，因而在傣语里，又被称为"骂管"。在傣族的泼水节之前，傣族姑娘们用花布条精心拼缝而成，里面裹着棉籽谷壳一类的东西，四周和中心分别缀着五彩花穗。节日期间，在寨边广场或河滩草坪上，盛装的男女相距二三十米，分排两边。姑娘扔，小伙接。细心的姑娘通常不会轻意抛扔，而是专投意中人，并且往往扔得又高又远。小伙子如果也看上这姑娘，就佯装接不住，愉快地认输，从自己的筒帕里掏出花手帕或银手镯，作为处罚赠送给姑娘，两人一起离开大伙，到树林或小溪边互诉衷肠。自从歌舞餐厅将丢包活动搬上舞台以后，花包随之变成小巧玲珑的纪念品，深受游客的喜爱。

◆傣族服装

傣族的服饰到底有什么特别之处呢？

傣族生活的地方，都是热带、亚热带地区，那里气候温热、山林茂密、物产丰富。傣族服饰也就充分体现了这些地理特点，既讲究实用，又有很强的装饰意味，颇能体现出热爱生活、崇尚中和之美的民族个性。

傣族男子的服饰朴实大方，上身多为无领对襟或大襟小袖短衫，下身是宽腰无兜净色长裤，多用白色、青色布包头。这种服装在耕作劳动时轻便舒适，在跳舞时又使穿着者显得健美潇洒。现在的傣族男子服装依然保留着古代"衣对襟"、"头缠布巾，喜挂背袋、带短刀"的特点，但衣料已很少再用自织"土布"。近年来出现了有领对襟或大襟的小袖衫，头巾改为水红色、绿色、粉红色的绸子，

▲云南省傣族的木版画

显示出了现时代的特征。

与男子相比，傣族妇女的衣着要华丽很多，她们追求轻盈、秀丽、淡雅的装束，协调的服装色彩。青年妇女将长发盘于头顶，是傣族服饰的一个显著的特点。傣族女子上身着各色紧身内衣，外套浅色大襟或对襟窄袖衫，下身着花色统裙，裙上织有各种图纹，傣族女子喜将长发挽髻，在发髻上斜插梳、簪或鲜花作装饰。此外，傣族妇女都喜戴首饰，首饰通常用金银制作，不过多为空心，上面刻有精美的花纹和图案。

◆傣族工艺品

傣族的工艺品种类繁多，华美绚丽，堪称一绝。从某种程度上说，傣族工艺品就是傣族的象征。常见的工艺品有木版画、根雕、木雕、金银饰品和蝴蝶饰品等。

木版画是傣族工艺品的代表之作，它是以色泽鲜明的木材和优质的层板为原料，采用绘样、锯裁、拼帖等方法，反映西双版纳少数民族衣着服饰、生活习俗、民居建筑、自然风光的雕刻艺术品，拼贴在板框内。这种木板画兼备雕刻艺术和浮雕艺术特点，色泽自然、古朴、素雅，具有鲜明的民族特色。

▲云南瑞丽，傣族竹楼

大型木板画，多被用于装饰馆堂、居室，而小型木板画，被游客视作民族特色鲜明的礼品，用于馈赠亲友，作纪念品保留。

木雕和根雕是傣族的传统雕刻艺术，早期多为木刻佛像、神牛、金象等，近年来雕刻范围有所扩大，有木象、木狮、木牛、木马、人像、变形人、木手镯、木项圈等造型。

此外，傣族的金银饰品也别具一格，主要有钗、耳环、项圈、手镯、臂环、胸饰、脚镯、戒指、腰带等。近年来，蝴蝶装饰制品开始大行其道，主要产品为蝶盘、蝴蝶标本卡等。另外，智慧的傣族人还以彩蝶为原料，拼贴制作56个民族的古今人物造型装饰蝶画，该产品因做工精细、小巧玲珑、色彩鲜艳美观而深受游客欢迎。

◆傣族佛教建筑

与全国大部分地区信奉大乘佛教不同，西双版纳信奉小乘佛教。数百年前，小乘佛教传入西双版纳，并成为傣族全民信仰的宗教。经过几百年的发展，

▼云南德宏州瑞丽市，傣族赶摆

▲云南景洪，傣族泼水节

佛教已经渗透到傣族人生活的点点滴滴，这一点仅仅从当地的佛寺建筑就可以看出来。西双版纳的佛寺建筑随处可见，几乎每个村寨都有佛寺，有的佛寺旁还建有佛塔。佛寺、佛塔是傣族群众生活的中心场地，也是他们心目中的圣殿，而佛教建筑艺术也成了傣族人民宝贵的文化艺术财富。

　　各佛寺佛殿内部由佛座、僧座和经书台3部分组成。佛座上塑的释迦牟尼像，大多是坐像，佛祖的耳朵奇特，又大又宽，身材瘦小，眉清目秀，双手扶膝，流露出一种神秘的气氛，使人产生对傣族历史追溯的好奇心。

　　佛寺旁边或附近建有各式各样的佛塔，如缅式钟形佛塔、亭阁式佛塔、泰金刚座佛塔、八角形密檐佛塔，千姿百态。景洪市的曼飞龙佛塔就属于泰式金刚座塔。这座如拔地而起的春笋一般的佛塔由 3 位印度佛教传教士设计，建于公元 1204 年，距今已有 800 来年。塔基呈梅花状，周长 42.6 米，主塔高 16.29 米，四周围绕着 8 座小塔，高 9.1 米。每座小塔塔座里都有一个佛龛，龛里有泥塑的凤凰凌空飞翔。整座群塔洁白无瑕，秀丽无比，既是全国重点文物保护单位，也是人们观光的胜地。

◆ 傣族风俗人情

关于傣族的风俗人情，我们最为熟悉的莫过于泼水节了。泼水节是怎么来的呢？关于泼水节的由来有一个美丽的传说呢！

在很久很久以前，傣族居住的地方遭受一场灾难。夏无雨，春无风，秋无艳阳，淫雨满冬。当晴不晴，当雨不雨，四季相淆，天地荒芜，人畜遭疫，人类面临灭顶之灾。面对如此光景，一个就帕雅晚的年轻人决心到天庭弄清

▼云南，花腰傣族姑娘

原由。他用 4 块木板做成翅膀，腾空而起，冲入天庭，将人间遇到的灾难报告了天王英达提拉。英达提拉闻状一查，知道是负责掌管风、雷、电、雨、晴、阴的天神捧玛点达拉乍无视旱、雨、冷三季之规，凭借广大神通，蓄意作乱。可是，由于他法术高明，众天神均对他无可奈何。

为惩处这个乱施淫威的天神，英达提拉装扮成一个英俊的小伙字子到他的家里。被捧玛点达拉乍长期禁闭在深宫中的 7 位女儿，对这位英俊伙子一见钟情。英达提拉便将捧玛点达拉乍降灾人间，使人类面临灭顶之灾的实情相告。7 位平日已对父王心情愤懑的善良姑娘，决心大义灭亲，拯救人类。她们天天围在父王身边撒娇，探查他的生死秘诀。面对娇女，捧玛点达拉乍终于吐露了秘密：他不怕刀砍、箭射，也不怕火烧水淹，他怕的是自己头上的发丝。姑娘们探得秘密之后，将自己的父亲灌得酩酊大醉，乘机剪下他的一撮头发，制作了一张"弓赛宰"（直译为心弦弓，褛必弦弓），然后把弓弦对准捧玛点达拉乍的脖子，他的头颅便倏然而落。然而捧玛点达拉乍的头是只魔头，落地喷火，火势冲天。7 位姑娘见状，不顾安危扑向头颅抱于怀中，魔火顿灭。为扑灭魔火，7 位姑娘只好将魔头抱在怀中，不断轮换，直到头颅腐烂。姐妹每轮换一次，便互相泼一次水冲洗身上污迹，以消除遗臭。

捧玛点达拉乍死后，树鲁巴的麻哈捧重修历法，执掌风雨，使人间风调雨顺，人民安居乐业。传说，修订的历法是由帕雅晚于傣历六月托梦给他的父亲宣布的。因此，傣族便把公布新历法的六月作为辞旧迎新的年节。人们在欢度新年时，相互泼水，以此纪念那 7 位大义灭亲的善良姑娘，并寓驱邪除污，求吉祥如意流传至今。

◆民俗禁忌

1. 不能抚摸"小和尚"的头

西双版纳小乘教规定男人一生中要过一段脱离家庭的宗教生活。凡是男孩在七八岁时都要去佛寺里当一段时期的和尚，称为"小和尚"。两三年后可以"还俗"，还俗的男子才可以结婚成家。没有当过"和尚"的男人，长大后将被视为生人或野人，会受到他人的歧视。"小和尚"在佛寺里生活要自理，要劳动，还要学习佛教经书，进行严格的修身教育。在寺院修身时，不准与女人谈笑，不准外人抚摸小和尚的头（这和汉族喜爱儿童抚摸头完全相反）。

▲2003年，西双版纳的傣族小和尚

若外人，特别是女性抚摸小和尚的头，小和尚的修行时间将作废，必须从头开始。所以外来游客在参观寺院时务必记住这样习俗。

2. 客厅禁忌

傣族人习惯住在竹楼上，楼上分为客厅和卧室。到傣族人家里做客是有诸多禁忌必须知道的，否则就会激怒主人。一般来说，傣家楼上客厅中有三根柱子，两根是卧室与客厅并排分开的，一根是火塘旁边的。卧室中的两根，靠外的一根叫"吉祥柱"，客人可以靠着休息；靠里的一根是人死后用的，称为"升天柱"，家中的人死了，家人把死去的人靠在这根柱子上沐浴、穿衣、裹尸体，等候火葬。而火塘边的一根也是绝对不许靠的，那是傣家的"顶天柱"，若靠了柱子意味着不尊重主人。

3. 卧室禁忌

楼上的卧室不是用隔板分成许多小的房间，而是用蚊帐分开，中间有一定间隔，几代人都住在里面。按照过去的习俗，傣族的卧室是不容外人窥看

▲野象，云南西双版纳野象谷

的，如果窥看的人被卧室的主人发现，男人就要做主人的上门女婿，或者到主人家做三年苦工，即使是女人也是如此。因此，游客无论到傣家参观或做客，千万不要因神秘感而窥看主人的卧室。虽然现在打破了过去的俗规，但窥看傣家卧室始终是不受欢迎的。

西双版纳热带雨林国家公园

西双版纳的热带雨林、南亚热带常绿阔叶林、珍稀动植物种群以及整个森林生态都是无价之宝，是世界上唯一保存完好的热带森林，深受国内外瞩目。为了更好地保护这些资源，国家有关部门西双版纳的景洪、勐腊、勐海三个县建立了总面积达 2854.21 平方千米的热带雨林国家公园。

在这广阔的热带雨林中，有一处地方是游客决不能错过的，这就是西双版纳原始森林公园。该公园占地 25 000 亩，距景洪城区 8 千米，园内森林覆盖率超过 98%。这里最大的特色在于融汇了独特的原始森林自然风光和迷人的民族风情，因而是西双版纳最大的综合性生态旅游景点之一。

在这里，品种繁多的热带植物遮天蔽日，龙树板根、独木成林、老茎生花、

▲2003年，生活在云南西双版纳基诺山上的基诺人

植物绞杀等植物奇观异景随处可见，峡谷幽深、鸟鸣山涧、林木葱茂、湖水清澈，让您真切感受到大自然的神秘。爱伲寨的抢亲、泼水节的欢畅、各民族的歌舞表演，任游客亲身参与，使游客置身于浓郁的民族风情中留连忘返。孔雀开屏迎宾，猴子与人嬉戏，黑熊、蟒蛇、蜥蜴、穿山甲等珍稀动物，让您见识真正的动物王国，让游客充分感受人与自然、人与动物的和谐相融……

在景洪地区，除了原始森林公园，最著名的要数孔雀湖了。早在1977年就开辟为公园，经过多年的营建，园内建有亭台水榭，植有奇花异卉，并饲养着孔雀、巨蟒、狐狸、野猪、猴子、八哥、画眉等珍稀动物。岸上奇花异卉争奇斗妍，湖中建有傣式水榭，湖水也清清，碧波也荡漾，睡莲盛开，宁静的湖面倒映着街道两旁挺拔的油棕、贝叶、槟榔、椰子，是游客乘凉、歇息的好地方。湖内备有游船，游人可在迷人的孔雀湖上荡起双桨，尽兴游玩。

在景洪以北的勐养自然保护区内，有一条河谷地处东西两片林区结合部，这就是野象谷。在这片上百万亩的热带雨林里生长着众多植物，层绿叠翠、郁郁苍苍。野象谷的主角当然是野象了。中国现存亚洲象近300头，绝大部分都分布在野象谷。在野象谷，野象经常三五成群地出没在河边、密林，甚至到公路上徜徉，踱到人们视野内觅食、饮水、洗澡、散步、嬉戏。

橄榄坝在泰语中叫做"勐罕"，"罕"的意思是卷起来。

下面就让我们来看一看橄榄坝吧！橄榄坝位于勐罕县。关于勐罕的来源，还有一个有意思的传说呢！相传，如来佛祖释迦牟尼到这里讲经，信徒们就用棉布铺在地上，请佛祖从上面走过去，佛祖走过去后，信徒又把布卷起来，因此就有了"勐罕"这个名字。

橄榄坝是西双版纳海拔最低的地方，只有530米，因而也是气候最炎热的地方。炎热的气候给橄榄坝带来了丰富的物产，这里热带水果种类繁多，香甜可口。除鲜果外，橄榄坝还出产大量的果脯，在橄榄坝到处都看得到水果和果脯市场。

自然、纯朴、宁静的橄榄坝素有"孔雀羽翎"、"绿孔雀尾巴"的雅称。人们把橄榄坝比作开屏孔雀的尾巴——绚丽多彩，而橄榄坝上布满了美丽富饶的傣族寨子，就像装点在孔雀尾巴上闪亮的花斑。无论你走进哪一个寨子，都会看到典型的缅寺佛塔和传统的傣家竹楼。寨子四周到处是铁刀木树，又

叫挨刀树，这种树砍了又发，越砍越发。傣族很注意保护自然环境，他们在
寨子周围种上这种铁刀木树作为烧火用材以保护当地的森林资源。

　　曼听寨就是橄榄坝比较著名的寨子之一，而其旁边的曼听公园更是吸引
了中外游客。曼听公园占地400余亩，建有一座纪念周恩来总理1961年到曼
听寨参加泼水节的纪念铜像。敬爱的周总理身着傣服，左手端水钵，右手持
橄榄枝，两旁是傣族群众载歌载舞相互泼水祝福的浮雕，栩栩如生，生动逼真。

▲孔雀开屏，云南西双版纳原始森林公园

▲湖泊上飞翔的孔雀，云南西双版纳原始森林公园

此外，公园内有两座佛寺、"傣王宫"、孔雀园、泼水场等景点，优美的自然景色与浓郁的人文情怀紧密地融为一体，让人赏心悦目、流连忘返。

西双版纳山高林密，许多游客苦于不能看到全景，如果遇到这种情况，我们建议你到勐腊望天树自然保护区来看看。望天树的高度一般在40到70米之间，最高的能达88米。这种树有较强的适应能力，寿命长，出材率高，用途广泛，被列为国家一级保护植物。望天树高耸入云的雄姿，给人带来无限的遐想，而空中走廊的架设更为林区吸引成千上万的游客。空中走廊全长2.5千米，高20米，全部用钢绳和锁链直接在大树上捆绑而成，走廊上面铺置木板路面，四周有绳索保护。走在上面，眺望林区如诗如画的风景，犹如穿梭在绿色的海洋，这种美好的享受是只有当你到了空中走廊上才能领略得到的。

在景洪的东部、野象谷与勐仑植物园之间有一座奇特的山寨，这就是基诺山寨，是基诺族世代繁衍生息的场所。基诺族是伟大祖国 56 个民族的一员，人口较少，只有 17000 人，大多居住在基诺山 40 多个村寨里。基诺山，古称攸乐山，是历史上有名的六大茶山之一。"基诺"源自基诺语，"基"是舅父，"诺"是后代，"基诺山"就是舅父的后代居住地。

在这里，慕名而来的游客不仅可以观赏基诺山秀丽的景色，还可以体察浓郁的基诺风情。每天早晨迎着和煦的阳光，在基诺族创世始祖"阿嫫腰北"的注视下，那片苍翠茂密的树林掩映下的山寨大鼓门打开了她热情的大门，玛黑、玛妞的雕像忠实地守护着基诺人自己的乐土。卓巴房的 5 根神柱显现出它的神圣权威，大公房和长房浓缩着基诺人对生活的点滴感受，基诺长廊

▲望天树与空中走廊

则铭刻着基诺族丰富的狩猎文化和民间艺术，太阳花坛中的太阳花含羞地表
达着真挚的情感，大鼓舞的鼓点与舞式中洋溢着浓厚的原始宗教风味。在这
片土地上，历史的双足曾在这里走过，独特的民族风情处处可以拾掇。

▼位于橄榄坝的佛寺。云南省西双版纳傣族自治州